2008

Verlag Podszun-Motorbücher GmbH
Elisabethstraße 23-25, D-59929 Brilon
Internet: www.podszun-verlag.de
Email: info@podszun-verlag.de

Herstellung Druckhaus Cramer, Greven

ISBN 978-3-86133-505-4

Titelfotos: Wolfgang Weinbach (oben links und Rückseite), Michael Müller (oben rechts),
Konstantin Hellstern (unten)

Jahrbuch 2009
Schwertransporte
und Autokrane

PODSZUN

Liebe Leserin, lieber Leser!

Damals grassierte das 'Schwerlastfieber' in Deutschland noch nicht so wie heutzutage" schreibt Wolfgang Weinbach und meint damit die Zeit Anfang der neunziger Jahre. Und weiter: „Nur wenige 'Infizierte' bildeten den harten Kern der Hobbyszene und waren teils mehrere hundert Kilometer unterwegs, um einen Schwertransport oder eine spektakuläre Hubaktion auf Negativfilm zu bannen. Seinerzeit wurden noch Telefonketten gebildet, um die neuesten Infos etwaiger Aktionen im überschauberen Kreis Gleichgesinnter zu verbreiten. Das geschah natürlich alles noch ohne das Handy. Infos wurden oft unter dem Deckmantel der Vertraulichkeit gehandelt, befürchteten doch die beteiligten Unternehmen gelegentlich 'Spionage' der Konkurrenz. Heute füttern die Schwerlast- und Kranunternehmen die Fans per Internet mit aktuellen Tipps und zahllose Fernsehsender bedienen ein Millionenpublikum mit Filmbeiträgen spektakulärer Einsätze. Ach, wie haben sich die Zeiten doch geändert!"

Eine Aktion von 1991, also aus dieser Anfangsphase der Schwerlast- und Kranbegeisterung, dokumentiert Wolfgang Weinbach in dieser inzwischen fünften Ausgabe des Jahrbuchs Schwertransporte und Autokrane. Wir freuen uns, Ihnen außerdem weitere interessante Themen rund um Ihr Hobby anbieten zu können. Dank gilt an dieser Stelle allen Autoren und Bildgebern, die in den letzten Wochen und Monaten mit Engagement und einer Menge Zeitaufwand gearbeitet haben, damit dieses Jahrbuch rechtzeitig zur Frankfurter Buchmesse erscheinen kann. Übrigens: Abbildungen, die nicht namentlich gekennzeichnet sind, wurden jeweils von den Verfassern der Artikel zur Verfügung gestellt.

Dank gilt auch Ihnen, liebe Leserin, lieber Leser, für die Zuschriften oder Telefonate, in denen Sie Kritik äußerten und Anregungen lieferten. Wir freuen uns auf den Kontakt mit Ihnen und sind gerne bereit, Ihre Wünsche zu berücksichtigen.

Wir wünschen Ihnen viel Vergnügen mit dem Jahrbuch und nicht vergessen: das nächste Jahrbuch Schwertransporte und Autokrane, die Ausgabe 2010, ist ab Oktober 2009 erhältlich.

Ihr Redaktionsteam „Jahrbuch Schwertransporte und Autokrane"

P.S.

Sie können das Jahrbuch in Buchhandlungen oder direkt beim Verlag abonnieren.
Von den Ausgaben 2005, 2006, 2007 und 2008 sind noch einige Restexemplare lieferbar.
Fordern Sie kostenlos und völlig unverbindlich unser Gesamtverzeichnis an
mit Büchern über Schwertransporte, Baumaschinen, Lastwagen, Autos, Motorräder,
Traktoren, Lokomotiven und Feuerwehrfahrzeuge:
Verlag Podszun-Motorbücher GmbH
Elisabethstraße 23-25, D-59929 Brilon, Telefon 02961 / 53213, Fax 02961 / 2508
Email: info@podszun-verlag.de, Internet: www.podszun-verlag.de

Großbaustelle Goldenberg

von Wolfgang Weinbach

Die nachfolgend beschriebene Montage von einigen schwergewichtigen „Brückenteilen" liegt zwar schon einige Jahre zurück, erlaubt jedoch nicht zuletzt aufgrund der eingesetzten Geräte und der auf engstem Raum durchgeführten Transport- und Hubarbeiten einen interessanten Blick auf das Schwerlastgeschehen auf Großbaustellen.

Die viertägige Aktion fand im Jahr 1991 statt. Damals grassierte in Deutschland noch nicht das „Schwerlast-Fieber" wie heutzutage. Nur wenige „Infizierte" bildeten den harten Kern der Hobbyszene und waren teils mehrere hundert Kilometer unterwegs, um einen Schwertransport oder eine spektakuläre Hubaktion auf Negativfilm zu bannen.

Seinerzeit wurden noch Telefonketten gebildet, um die neuesten Infos etwaiger Aktionen im überschaubaren Kreis Gleichgesinnter zu verbreiten. Dabei darf vorausgesetzt werden, dass dies alles ohne das heutzutage unverzichtbare Handy erfolgte. Ein jeder der kleinen Fangemeinde hatte seinen persönlichen Kontakt zu dem einen oder anderen Schwerlastspezialisten. Infos wurden oft unter dem Deckmantel der Vertraulichkeit behandelt/gehandelt, schließlich befürchteten die beteiligten Unternehmen gelegentlich „Spionage" der Konkurrenz. Galt es doch, die mühsam ausgekundschafteten Strecken und die zur Problemlösung eingesetzten Fahrzeugkombinationen möglichst für sich zu behalten.

Heute füttern die Schwerlast- und Kran-Firmen inzwischen die stetig wachsende Fan-Gemeinde mit aktuellen Tipps. Zudem läuft man heute verstärkt Gefahr, dem einen oder anderen Filmteam der zahllosen Fernsehsender durchs Bild zu laufen. Früher war man da doch eher unter Seinesgleichen. Längst haben die ehemals verschwiegenen Speditionen die nicht

An der Baustelleneinfahrt hatte sich das gerade erst aus Bochum eingetroffene Team vom Autokranverleih (AKV) gesammelt. Noch waren allerdings nicht alle Begleitfahrzeuge vor Ort. So eine rollende „Einsatzzentrale" ist heutzutage eher die Ausnahme

Mittelpunkt der Bochumer Truppe war natürlich der LTM 1800 von Liebherr, der im Jahr 1988 als einer der ersten 800-Tonner zur Auslieferung kam. Inzwischen gibt es diesen einstmals bekannten Kranverleiher leider nicht mehr

Der Typ LTM 1800, zunächst als 1650 für 650 t geplant, dürfte inzwischen als einer der erfolgreichsten Groß-Teleskopkrane gelten, ist er doch bis über die Jahrtausendwende in annähernd 50 Exemplaren gebaut worden

immer fachlich auf der Höhe berichtenden Fernseh-sender für sich gewonnen; Werbung ist eben auch ein nicht zu verachtender Faktor in diesem Geschäft. Apropos, ein Schwerlastspezialist ohne eigene Web-site oder ohne eigenes Werbemodell aus dem hausei-genen Fan-Shop ist heutzutage undenkbar.

Hat man vor Jahren etwa gewagt, im Bekannten- oder Kollegenkreis von nächtlichen Fototerminen entlang einer Schwerlaststrecke oder einem stunden-langen Beobachten eines Kranhubes zu erzählen, man wurde mitleidig angeschaut und für verrückt gehalten. Heute schaut ein Millionenpublikum den Schwer-lastaktionen zu, am Fernseher versteht sich. Kürzlich sah ich sogar einen gespielten Witz in einer Fernseh-Comedy-Reihe. Nicht der sonst herhaltende Modell-eisenbahner wurde da verballhornt, sondern, man höre und staune, ein nächtlich umhergeisternder fotografierender Schwerlastfan, auf „denglisch" auch als „Kran-Spotter" umschrieben.

Doch zurück zur Großbaustelle Goldenberg, von der ich ja eigentlich berichten wollte. Auch im zurück-liegenden Jahrhundert bereits galt: wer freundlich anfragt, in diesem Fall bei der Bauleitung, der bekommt zumeist auch eine ebenso freundliche Antwort. Meine Frage zielte seinerzeit jedenfalls in Richtung Fototermin für die bevorstehenden Mon-tagearbeiten an einer über 1000 t schweren Stahl-Beton-Konstruktion an besagter Kraftwerksbaustelle. Nachdem ich mein Anliegen vorgetragen hatte und sich die verantwortlichen Herren vom einwandfreien Zustand meiner Ausrüstung überzeugt hatten, war die Foto-Genehmigung auch schon so gut wie erteilt. Dabei galt die Aufmerksamkeit der Verantwortungs-träger weniger meiner Fotoausrüstung, als vielmehr dem sonstigen Sicherheitsoutfit, wie Sicherheits-schuhen und Schutzhelm. Beides war vorhanden, wurde vorgeführt und schon fiel ich gar nicht mehr auf unter dem übrigen Baustellenpersonal.

Ehe ich es vergesse und er(n)ste Einwände höre, natürlich erfolgte auch eine Sicherheitseinweisung über das erlaubte Tun und das zu beachtende Lassen auf so einer Baustelle.

Den Hinweis über die mehrtägige Aktion hatte ich übrigens, wie angedeutet, durch einen persön-lichen Kontakt zu der involvierten Transportfirma Baum erhalten. Der Schwertransporteur aus Köln exi-stiert nun leider seit einigen Jahren nicht mehr und auch von den anderen beteiligten Schwerlast-Spezia-listen sind einige nicht mehr aktiv. Gleiches gilt für diverse Hubgeräte die damals in Deutschland noch

Wie bei solchen Großgeräten üblich, musste das vierteilige Auslegerpaket separat vom Grundgerät transportiert werden. Dabei gab es zahlreiche unterschiedliche Transportvarianten für den 60 t wiegenden Teleskopausleger. Bei AKV wurde das Anlenkstück direkt auf einer MAN-Zugmaschine aufgesattelt

Der Seitenstabilität dienlich war die Drehschemelauflage auf dem sechsachsigen Goldhofer-Nachläufer. Für die vielfache Seileinscherung standen Umlenkrollen am Kopfstück zur Verfügung, obwohl mit diesem Mast nicht die werbewirksa-men 800 t gehoben werden konnten. Hierzu bedurfte es eines Schwerlastauslegers, der allerdings nie gebaut wurde

Zumindest einen Teil des erforderlichen Gegengewichtes, insgesamt wurden 153 t am Oberwagenheck aufgelegt, hatte man mit diesem Gespann (MAN 26.361/F8) angeliefert

Die Schwerlast-Zugmaschinen aus Köln gibt es leider seit 2003 nicht mehr, zumindest nicht im blauen Baum-Farbkleid. Der Schwerlastspezialist wurde seinerzeit aufgelöst. Bei diesem Einsatz hatten die beiden Maschinen, vorne eine DB 3250, dahinter eine MAN 40.460 mit nachträglich eingebautem 500 PS-Motor, kräftig zu Ziehen

Wie man erkennen kann, galt es mit dem 56 m langen Bandbrücken-Segment recht nah an einigen weiteren Stahlbauelementen (Stützen) vorbei zu rangieren. Alles in allem kam man auf ein respektables Gesamtgewicht von 485 t! Mit 8 m Breite und 5 m Höhe waren die Bandbrückenteile nicht gerade handlich. Der kleine LTM 1060 wurde nebenbei für einige „Handreichungen" benötigt. Am bereits seit einigen Tagen nahezu fertig montierten Gittermastkran scherte man für den bevorstehenden ersten Hub (330 t) den Lasthaken neu ein

Vom Kesselhaus aus betrachtet, der Aufzug war noch nicht montiert, hatte man einen guten Überblick über die Baustelle. Während der 60-Tonner inzwischen mit Gitterverlängerung ausgerüstet war, beschäftigte sich der LTM 1100 schon mit der Errichtung einer weiteren Bandbrücken-Stütze. Im Hintergrund sind die beiden 295 t schweren Brückenteile zu erkennen. Rechts: Einen alten LTM 1160 mit geteilter Frontscheibe hatte man vor dem ersten Hub in Stellung gebracht. Ob die Schutzhelme der beiden Herren im „worst case" wirklich etwas gebracht hätten darf stark angezweifelt werden

recht spektakulär waren, heute, weil hierzulande wegen Überalterung „ausrangiert", ihren Dienst längst in zumeist weit entfernten Ländern verrichten. Demzufolge darf wohl der einen oder anderen Maschine das Hauptaugenmerk auf diversen Bildern zugestanden werden.

Übrigens, alten Hasen unter den Schwerlast-Fans dürfte die beschriebene Aktion nicht unbekannt sein. Bereits 1994 war ein kurzer Artikel von mir in einem Sonderheft „Auto-Album 4" der MAZ (Modell-Auto Zeitschrift) erschienen – leider nur in schwarzweiß. Nichtsdestotrotz zählt wohl besagtes Heft „Schwere Brocken – gestern und heute" zu den Schriften, die in keinem Bücherregal fehlen sollten, steht es doch in gewisser Hinsicht für den Beginn der aufblühenden Schwerlast-Literatur.

Auf der Großbaustelle Goldenberg wurde Anfang der 1990er Jahre ein Neubau beziehungsweise Er-

weiterungsbau einer so genannten Prozessdampfanlage errichtet, die überwiegend der Prozessdampf- und Fernwärmeversorgung diverser benachbarter Chemieunternehmen und der Stadt Hürth (bei Köln) dienen sollte. Ein schwergewichtiger Bestandteil der Anlage war dabei die Förderband-Brücke für die Kohlespeisung der Kesselanlage. Diese Brücke bestand hauptsächlich aus vier gewaltigen Segmenten, die vor Ort als Stahlkonstruktion mit eingebetteten Betonböden vorgefertigt wurden. Die Teile führten von rund 18 m Höhe über diverse Stützkonstruktionen aus Stahl bis auf etwa 50 m Höhe zum Ansatzpunkt Kesselhaus und hatten beachtliche Stückgewichte von 130 t, zwei mal 295 t sowie 330 t. Allerdings erfolgte die Montage in umgekehrter Reihenfolge vom Startpunkt Kesselhaus nach unten, beginnend mit dem schwersten Bauteil.

Die Spezialisten von Baum waren auf der Baustelle mit gleich drei Schwerlastzugmaschinen vertreten, einer MAN 40.460, einer DB 3850 und einer DB 3250. Transportiert wurden die Komponenten auf zwei Goldhofer-Rollern der Baureihe THP-SL (3 m Breite) mit neun beziehungsweise sieben Achslinien. Eine gleichfalls kurze Anreise hatte das Kran-Team der Firma Colonia, das einen der drei benötigten Akteure für die Haupthubarbeiten stellte. Der aus dem Baujahr 1982 stammende AMK 500-93 (ehemals 400-93), der ursprünglich in Mainz bei Riga in Diensten stand, war aber der einzige Vertreter des bekannten Kranherstellers Gottwald. Einige weitere kleinere Teleskopkrane aus dem rot-weißen Gerätepark der Kölner Hebespezialisten stammten aus dem Hause Liebherr. Hierzu zählten ein LTM 1160, ein LTM 1100 und ein LTM 1060.

Als weiterer Großkran war der LTM 1800 der Firma AKV Bochum anzusehen, der dem Teleskopkran-Kollegen aus Köln zur Seite stand.

Schließlich hatte man für die größeren Hubhöhen auf einen Gittermastkran der Firma KTM Fahrenholz zurückgegriffen. Dabei handelte es sich um einen der zumindest bei deutschen Kranbetreibern seinerzeit noch selten anzutreffenden Raupenkrane. Der CC 2400 (max. 500 t Traglast) des Herstellers Mannesmann Demag wurde für den Einsatz in der Ausführung SWSL mit 54 m Hauptausleger, 24 m Wipp-Spitzenausleger und Superlift kombiniert.

Einige weitere Kleinkrane, die sich auf der Baustelle zu schaffen machten, vervollständigten die Szenerie.

Da am Ansatzpunkt Kesselhaus kein Platz für einen entsprechenden Kran war, zog man das erste Segment dort mit einer Windenkonstruktion auf Höhe. Die Gittermast-Raupe übernahm den Rest. Aus sicherer Entfernung betrachtet, ist das erste Bauteil hier schon fast auf der Einbauposition

Aus der Ferne war zwischenzeitlich geschäftiges Treiben auf dem Montageplatz zu beobachten

Dann hieß es wieder Stellungswechsel und rauf auf den Kesselhaus-Turm. Der mit 24 m Länge recht kurz gehaltene Wippausleger des CC 2400 wurde über Druck- und Wipplenker sicher gehalten, wie auch die angehängte Last

Wieder zurück auf dem Boden der Tatsachen, rangierte man schon den Siebenachser unter das nächste Bauteil. Die abgeschrägte Ballastpritsche der 40.460 war typisch für die Baum-Zugmaschinen und dies bereits seit den 50er Jahren. Neben einigen Tonnen Ballast waren dort mehrere Staufächer für Werkzeug und Schwerlast-Utensilien wie Hölzer und Spanngurte untergebracht

Perfekt unterfahren und durch die Rollerhydraulik aufgenommen war die Gelegenheit gegeben, etwas Rostschutz an die bislang unzugänglichen Stellen der Stahlkonstruktion zu bringen. Unten: Wurde zuvor noch berichtet, dass die auf der Baustelle eingesetzten Großkrane inzwischen wegen Überalterung Deutschland verlassen haben, so war anno 1991 ein recht betagter Gittermastkran in das Geschehen eingebunden. Der wohl aus den frühen 1960er Jahren stammende P&H-Kran zeigte sich als überzeugter „Sternenträger", was wohl unmittelbare Rückschlüsse auf Chassis- und Oberwagenmotorisierung zuließ. Der Kranfahrer musste hier sein Gefährt übrigens rückwärts durch die Betonsockel, auf denen das 330-t-Teil montiert worden war, rangieren

Die 3850 befand sich bereits am ersten 295-t-Teil in Schub-position und auch die MAN-Maschine hatte man vorge-spannt. Derweil trieb die 3250 den rückwärts fahrenden P&H vor sich her, schließlich wurde sie auch noch zum Ziehen benö-tigt. In der „guten alten Zeit" des Schwertransportes wurden die Geräte, ganz gleich ob Auto-kran oder Zugmaschine, nicht „geleast" und nach zwei Jahren wieder durch etwas Moderneres ersetzt. So wurde die bewährte 40.460, die Ende der 1970er Jahre in Betrieb genommen wur-de, bis zur Auflösung der Firma Baum im Jahre 2003 in Ehren gehalten. Mit dem gut sichtba-ren Tropendach waren bei Baum übrigens mindestens ein halbes Dutzend MAN ausgerüstet. So machte man es dem Personal auch bereits in Zeiten vor den heute üblichen Klimaanlagen in der Kabine erträglich. Die vor-gespannten beziehungsweise nachschiebenden 1500 PS hatten auch mit dem zweiten Brückensegment keine Mühe

Der Raupenkran wartete bereits, musste sich allerdings noch einige Stunden in Geduld üben, schließlich galt es, weitere Kran-kollegen aufzubauen. Neben dem üblichen Oberwagenballast (130 t) hatte man ein wenig Superliftballast (150 t) aufgestapelt

Die laut Prospekt 96 t Eigengewicht des LTM 1800 gleichmäßig auf 8 Achsen zu verteilen
darf wohl als Konstrukteurs-
Kunst bezeichnet werden.
Um den Kran in die zuvor genau
errechnete Aufstellposition zu
bringen, musste noch ein wenig
rangiert werden und dies mit
zumindest teilweise ausgeschwenkten Stützen. Unten: Blick auf
das Baustellengeschehen vor dem
Aufbau des 800-Tonners. Einige
Kleinkrane scheinen bereits ein
wenig zugebaut zu sein oder werden sie wohlmöglich später an
dieser Stelle benötigt? Derweil
wird der Aufrichtebock des AKV-
Gerätes schon einmal hydraulisch
aufgerichtet. Das Traggeschirr für
die Übernahme des Auslegepakets
ist noch am A-Bockrahmen verlascht. Die 3850 rangiert derweil
die Kombination in ihre endgültige Position

Nachdem zumindest drei der vier Stützen des LTM 1800 ihre Baggermatratze bekommen hatten, machte man sich an das Aufballastieren des Krans. Als gesunde Basis für die beiden „Türme" musste zunächst die Grundplatte am Windenrahmen verbolzt werden. Dann ging es an die Stapelung der beiden Ballasttürme

Um das 60 t schwere Paket mit dem Aufrichtebock übernehmen zu können, musste die hintere linke Stütze am Unterwagen angelegt und abgestützt werden. Die MAN-Zugmaschine fuhr hierfür bündig bis an den ausgeschwenkten vorderen Stützaus-leger. Sicher im Tragegeschirr hängend, konnte das Anlenkstück nunmehr an den Oberwagen herangeführt werden

Das Transportgespann konnte nachfolgend abrücken und mit den anderen Begleitfahrzeugen die Parkposition einnehmen

Inzwischen auch über die vierte in Position gebrachte Stütze standsicher gemacht, ist die gegen Wegschwenken der Stütze erforderliche Sicherungsstrebe zu sehen

Der Telekran hatte sich inzwischen mächtig gestreckt. Auch am Raupenkran lief noch alles nach Plan. Für den bevorstehenden 295-t-Hub wurde neben den beiden bereits aufgebauten Großgeräten noch ein weiterer Teleskopkran benötigt. Der eingeplante AMK 500-93 brachte sich hierfür langsam in Position. Während die Klappstützen noch in Stellung gebracht wurden, rückte bereits der erste Ballast an

Bevor man mit dem eigentlichen Brückenhub beginnen konnte, waren noch einige leichtere Hübe erforderlich. So musste erst einmal die Brückenstütze gesetzt werden. Die Stütze war inzwischen komplettiert. Sogleich wurde das Brückensegment an den beiden großen Telekranen angeschlagen

Nicht alles lief auf der Baustelle nach Plan. Beim Versuch die Montagestelle beim Abrücken zu Umfahren, geriet der LTM 1160 zu nahe an eine Abbruchkante. Ein Abrutschen konnte gerade noch verhindert werden, indem das Fahrgestellheck mit Hilfe eines kleineren Kollegen gesichert wurde

Dort war etwas gar nicht nach Plan gelaufen: Beim Neigen des Superlift-Auslegers hatte man die Rückfallstützen vergessen. Ein wenig Kaltverformungsarbeit war an den Stützen schon erkennbar. Um für die kommenden Aufgaben sicher zu sein, dass nicht auch der Superlift-Mast selbst Schäden davon getragen hatte, ruhten erst einmal alle weiteren Kranarbeiten für den CC 2400. Ein eilig aus Düsseldorf herbeigerufener Kransachverständiger von Mannesmann Demag inspizierte das Malheur und gab die weiteren Arbeiten schließlich frei. Auch mit dem etwas angeschlagenen Raupenkran wurde das 56 m lange Brückenteil zügig nach oben gebracht. Nach dem erfolgreichen zweiten Hub mussten sich erst einmal sämtliche Großkrane neu ausrichten. Die Ballastplatten auf den Raupenschiffen wurden dort nur zwischengelagert

AKV machte sich an die Verlegung des Krans. Das Auslegerpaket hatte man abgelassen, die Abspannstangen getrennt und den A-Bock niedergelegt. Somit wird ersichtlich, wozu die beiden seitlichen Anbauten am Grundausleger dienten. Das Auslegepaket wurde kurzerhand auf den beiden nach hinten ausgerichteten Stützauslegern abgelegt. Für den Stellungswechsel in Rückwärtsfahrt hatte man sich lediglich etwas kleiner gemacht, denn es waren einige Rohrbrücken zu unterfahren

Immerhin rund 309 t Gesamtgewicht brachte der Kran so auf seine acht Achsen. Laut Liebherr-Prospekt hätte man den Ballast wohl eigentlich von 153 t auf 107 t reduzieren sollen. Das der Kran nicht auseinanderbrach ist wohl einmal mehr dem Qualitätssiegel „Made in Germany" zu verdanken gewesen

Die heckseitigen Stützausleger wurden hier einmal anders belastet. Die Bedeutung der seitlichen Auflagen am Grundausleger ist gut erkennbar

Hinter der Rohrbrücke konnte der A-Bock wieder aufgerichtet werden

Der Gottwald-Kran war natürlich ebenfalls komplett aufgerüstet versetzt worden, allerdings wog der Kran dann nur rund 260 t

Beim Einschwenken war für den Fahrer die heckseitige Ausladung des Mastes zu beachten. Ohne Einweiser ging da gar nichts. Auch ein Blick nach oben empfahl sich trotz hoch liegender alter Bandbrücke. Das 60 t schwere Auslegerpaket wurde wieder verlascht und die Heckstützen entlastet. Zur weiteren Positionierung des Gerätes wurde langsam Fahrt aufgenommen

Auch bei Colonia war man derweil mit der Neuausrichtung des 500-Tonners beschäftigt

Obwohl ebenfalls 295 t schwer, hatte man beim dritten Brückenteil nur auf jeweils eine Zug- und Schubmaschine zurückgegriffen. Beim neunachsigen Roller wurde von Hand nachgelenkt. Richtig eng ging es inzwischen auf der Baustelle zu. Auf dem Tiefbett-Sattelauflieger wurde der Superlift-Ballast des Raupenkrans verlegt

Das Fahrenholz-Gerät bewegte sich noch ein wenig näher an die Last heran. Bei AKV arbeitete man zwischen den bestehenden Anlagenteilen hindurch. Die Last schwebt bereits sicher in den Seilen. Das Herausschwenken gelang ebenso gekonnt wie vorsichtig. Die drei Hauptakteure ziehen das Bandbrückenteil langsam nach oben

Auf die volle Auslegerlänge von 57 m hatte man sich bei Colonia gestreckt. Einmal frei hängend, musste das Bauteil noch in die endgültige Einbaustellung ausgerichtet beziehungsweise geschwenkt werden. Mit der Anfahrt des vierten und letzten Bandbrückenteils (18 x 8 x 5 m, 130 t) näherten sich die Arbeiten langsam dem Ende

Wie man sehen kann, war inzwischen ein erneuter Stellungswechsel der beiden großen Telekrane erforderlich geworden. Nunmehr hatte man sich zu beiden Seiten der alten Bandbrücke, die die Braunkohle aus einem etwa einen Kilometer entfernten Kohlebunker zur alten Kesselhausanlage beförderte, aufgestellt. Anno 1991 gehörten die beiden beteiligten großen Telekrane noch zu den leistungsstärksten Hebezeugen in Deutschland. Den spektakulären Auftrag jedenfalls hatten die in dem Bericht aufgeführten Kran- und Transportfirmen erfolgreich und ohne Unfall abschließen können

Nach dem Abheben des 130-t-Teils konnte man sich bei Baum auf die Heimfahrt vorbereiten

Anschließend konnte der Einschwenkvorgang eingeleitet werden

Auf der Kraftwerk-Baustelle waren auch andere bekannte Schwerlastspezialisten anzutreffen, wie diese Vertreter von Breuer und Baumann. Letzterer sorgte mit dem schon etwas betagten Gespann für Nachschub an Einbauteilen

Fahrenholz hatte zum Auf- und Abbau des Raupenkrans einen eigenen Hilfskran mitgebracht. Der Demag AC 265 war schon im damals noch neuen Farbdesign des Kranbetreibers lackiert

Schwertransport durch Spanien

von Thorge Clever

Wegen einer mehrwöchigen Dienstreise während eines Schwertransportprojektes hatte ich die Gelegenheit, mehrmals die Schwerlaststrecken Bilbao – Madrid – Barcelona zu befahren, wobei mir einige interessante Transporte vor die Linse kamen.

Viele Exporte aus dem nordspanischen Raum (vor allem Windkraftanlagen) werden über den Hafen von Bilbao verschifft. Alle Schwertransporte müssen auf dem letzten Stück Burgos – Miranda de Ebro – Bilbao über die N 1 und die gebirgige N 240 fahren. Da in Bilbao nur nachts gefahren werden darf, sammeln sich viele Transporte auf den Parkplätzen entlang der N 240 und warten auf die nächtliche Polizeieskorte.

Spanien ist nicht nur wegen seiner schönen Landschaften, der beeindruckenden Metropolen und der beneidenswerten Lebensart eine Reise wert. Auch Schwerlastfans finden in diesem Land noch Technik, die man so im restlichen Europa nicht mehr antreffen kann. Obwohl in den letzten Jahren wie nirgendwo sonst in moderne Technik investiert wurde, kann man mit etwas Glück seltene Zugmaschinen vor den Fotoapparat bekommen. Diese werden von wenigen spanischen Firmen für besonders schwere Transporte vorgehalten.

Usabiaga/Transbiaga transportiert die Gondeln für Windkraftanlagen mit spezieller Technik. Auf Montagepaletten werden die Gondeln gefertigt. Diese können dann ohne Krane mit den Hubhebeln wie ein Tiefbett aufgenommen werden

Egodi aus Cordoba beim Tankstopp auf der N 1 bei Burgos. Hinter dem modernen MAN TGA 41.660 hängt eine historische Seitenträgerbrücke. Solche Konstruktionen sind günstiger und robuster als hydraulische Hubhebel-Kesselbrücken

Der Transport von Windkraft-Rotorblättern ist in Spanien sehr effektiv: Trotz „teilbarer Ladung" dürfen sie im Paket gefahren werden. Da es auf spanischen Straßen weniger Probleme mit Brückenhöhen gibt, werden diese „Pakete" einfach auf Nachläufer-züge oder Telesattel gelegt

Peninsular pausiert auf der N 1 bei Briviesca. Diese Konstellation wäre in Deutschland undenkbar: Man hat gleich zwei Seekisten auf einmal verladen – Sammelladung als Schwertransport

Kurz vor Madrid wartet Alfa mit einem Betonelement auf Weiterfahrt über den Madrider Ring. Alfa ist mit Fuhrpark und Kranen spezialisiert auf den Betonbau.

Einem besonderen Transport begegnete ich auf der Passstrecke „Puerto de Somosierra" auf 1 440 Meter Höhe. Entsprechend langsam, mit circa 15 km/h, bewegte sich die Seitenträgerbrücke mit einem Transformator als Ladung. Betreiber Ibertif hat sich auf große Trafotransporte eingerichtet und nennt einige solcher Brücken sein Eigen

Ein besonderes „Schmankerl" war die dritte Zugmaschine für die Bergetappe: Ein amerikanischer Autocar mit Ladekran (oben). Auf dem Betriebsgelände von Ibertif in Haro findet man auch moderne Zugmaschinen, wie diesen Mercedes-Benz Titan, hier ebenfalls mit Seitenträgerbrücke (unten)

Ein weiteres Relikt aus der
Mack-Ära, aufgesattelt ein monströser
Schwanenhals aus den siebziger
Jahren (oben)
Ein alter Mack im Kontrast zu den
angehängten modernen Scheuerle-
Intercombi-Fahrwerken (Mitte)
Ein dritter Mack, aufgeladen hat er
die Hälfte einer riesigen Seitenträger-
brücke (unten)

Lizenznachbauten der Marke Faun werden ebenfalls für besondere Einsätze bereitgehalten

Durch den Tipp der netten Mitarbeiter von Ibertif konnte ich im Dörfchen Morella bei Tarragona die berühmte Faun-Goliath 8x8 Zugmaschine entdecken. Aufgrund der Abmessungen fährt sie meistens zwischen den Einsätzen nicht zum Betriebshof und wartet an einer Tankstelle auf ihren nächsten „Marschbefehl"

Auch diese Hayes Zugmaschine wartet an der Tankstelle, bis die nächste Einsatzstelle bekannt ist. Kurz vor Abfahrt wird noch mal vollgetankt. Bei 3,50 Meter Breite wirkt die Zapfanlage relativ verloren gegenüber der Zugmaschine

Der Pass „Port de Querol" mit 1 080 Meter Höhe auf der N 232 nach Vinaros ist sogar bei Solofahrt sehr anspruchsvoll und nur mit Eskorte und Sperrung des Gegenverkehrs möglich.

Ein weiterer Amerikaner in Spanien: Auf dem Hof von Transbiaga in Ordizia steht ein Kenworth, der für schwierige Offroad-Etappen beim Windkraftbau genutzt wird

Ein fast 70 Tonnen schweres Bagger-Grundgerät wird im Fährhafen von Bilbao abgeholt. Hierzulande wäre ein 9-achsiger Auflieger nötig – in Spanien reichen auch fünf Achsen. Die Sattellast der MAN Zugmaschine wird gewaltig sein ...

Vicuna fährt viele Stadtbahnwaggons in den Hafen von Bilbao zur Seeverschiffung. Deshalb haben die extrem niedrigen Auflieger eingebaute Schienen und einen Schwanenhals, der hydraulisch als Auffahrrampe ausgelegt werden kann

Transport eines Pressentisches bei der Rast in der Nähe von Burgos an der N 1

Schaufelradbagger lernt das Schweben

Spektakuläre Verladung auf ein Spezialschiff

von Heinz-Herbert Cohrs

Wie kann ein Schaufelradbagger mitsamt einem kompletten Fördersystem am wirtschaftlichsten und schnellsten zu einem Tagebau ins südamerikanische Surinam transportiert werden? Normalerweise werden derartige Geräte und Anlagen in vielen Komponenten zum Einsatzort geliefert und erst dort montiert. Orenstein & Koppel wählte vor einigen Jahren eine andere Lösung.

Die übliche Vor-Ort-Montage von Tagebau-Großgeräten kann Wochen, Monate und, bei Geräten mit mehreren tausend Tonnen Einsatzgewicht, sogar Jahre dauern. Verschiedene Gründe können jedoch gegen die Montage am Einsatzort sprechen, beispielsweise Mangel an Fachkräften und Montagehilfsmitteln, erschwerter Antransport der Gerätekomponenten, nicht vorhandene Zulieferfirmen oder eine unwirtschaftlich lange Dauer der Montagearbeiten. O&K umging all diese Probleme, indem – wahrscheinlich erstmals in der Geschichte – ein Fördersystem komplett montiert verschifft wurde.

Das zur Abraumräumung in einem Bauxittagebau in Surinam bestimmte Fördersystem bestand aus drei je 160 t schweren Bandwagen, die dort auch als Absetzer genutzt werden sollten, einem 678 t schweren Schaufelradbagger Typ SchRs 750 / 1,8 x 18,5 für 72 000 m^3 Tagesförderleistung sowie je einem Trichter-, Kabeltrommel-, Verteiler- und Bandschleifenwagen sowie diversen Bandanlagen und anderen Teilen.

Alle Geräte und Anlagenteile, auch der Schaufelradbagger, wurden in den großen, wettergeschützten Hallen des Lübecker 0&K-Werkes komplett montiert und getestet. Das zu verschiffende Gesamtgewicht wurde mit 1780 t angegeben.

Günstige Voraussetzungen für die Verschiffung waren insofern gegeben, daß das Lübecker O&K-Werk, ursprünglich die LMG Lübecker Maschinenbau-Gesellschaft, als Werft und Schwimmbaggerher-

Der schwebende Schaufelradbagger – doch bevor es soweit ist, sind viele technische Hürden zu überwinden

Kurz vor dem Abheben: Damit ein Schaufelradbagger das Schweben lernen kann, bedarf es umfangreicher Vorbereitungen. Im Lübecker LMG-Werk, damals zu O&K gehörend, wurde 1990 wohl das erste Mal auf der Welt ein Schaufelradbagger komplett in einem Stück verladen. Aber wo sollen die Seile angeschlagen werden? Davon später mehr ...

steller über eigene Kaianlagen verfügte und der Bauxittagebau in Surinam nur etwa 4 km vom Entladehafen Paramaribo entfernt liegt. Zu diesem Hafen mußte das Transportschiff allerdings 24 km stromaufwärts fahren. Nach mehr als einjährigen Vorbereitungen konnte die Verladung des gesamten Fördersystems in Lübeck im Dezember 1990 problemlos durchgeführt werden. Und es bot sich die Chance für den wahrhaft ungewöhnlichen Anblick, einen 678 t schweren Bagger einmal am Kran hängend von unten betrachten zu können.

Enger Verladeplan

Als Transportschiff wählte man die niederländische Dock Express 11, ein 154 m langes und 24 m breites Spezialschiff mit 13 000 t Nutzlast, das an Bord zwei je 500 t hebende Portalkrane mitführt. Die Portalkrane mit einer lichten Höhe von 21,6 m zwischen Deck und Portal können insgesamt 102 m Decklänge auf

Schienen überfahren und nach hinten 19,2 m über das Schiffsheck hinaus landseitig die Kaianlagen übergreifen.

Das Schiff machte längsseits am Kai fest, die Verladung erfolgte über das Heck an einem Hellingtor. Zur Positionssicherung verfügt die Dock Express 11 über einen 19 m langen „Spudpole" mittschiffs vorn, der von einer im Schiff fest installierten Rammvorrichtung durch eine Öffnung im Schiffskörper-Doppelboden in den Hafengrund getrieben wird. Beim Heben bis zu 1000 t schwerer Lasten am Heck ballastieren Pumpen das Vorderschiff mit entsprechenden Wassermengen, ebenso werden seitliche Schwerpunktverlagerungen durch Trimmvorrichtungen ausgeglichen.

Die Verladefolge für sämtliche Komponenten und Bauteile des Fördersystems, so auch das separat zu verladende Bagger-Schaufelrad, wurde wie folgt festgelegt:

Tag 1: Bauteile mit Einzelgewichten bis 50 t
Tag 2: Bauteile mit Einzelgewichten bis 50 t
Tag 3: Bandwagen Nr. 1 und Kleinbauteile
Tag 4: Bandwagen Nr. 2 und 3 sowie Schaufelradbagger
Tag 5: Kleinbauteile
Tag 6: Kleinbauteile und Verzurrung

Ausgerechnet der schwierigste Verladetag, der 4. mit der geplanten Verladung von gleich zwei Bandwagen und dem schwersten Stück, dem Schaufelradbagger, war ein Sonntag. Da am Tag zuvor ebenfalls ein Bandwagen verladen werden sollte, mußten Schiffsbesatzung und O&K-Mitarbeiter an diesem Wochenende bis spät in die Nacht durcharbeiten. Die Mietsätze für Schiffe wie die Dock Express 11 sind dermaßen hoch, daß sich niemand mehrere tatenlose Tage Liegezeit leisten möchte. Deshalb erfolgen Verladung und Löschen der Ladung stets so schnell wie möglich, und sei es in harter Nachtarbeit.

Sämtliche Komponenten des Fördersystemes mit Stückgewichten bis 60 t wurden von großen Werftkranen am O&K-eigenen Kai verladen, auch etliche Kleinbauteile. Diese Arbeiten erfolgten während des Einhebens der drei jeweils 160 t schweren und 55 m langen Typ BRs 1600/18 + 32 x 10, die jeweils von einem Schiffsportalkran gehoben und auf den mit Platten abgedeckten, dockähnlichen und bei Bedarf auch flutbaren Schiffsladeraum abgesetzt wurden.

Aus verladetechnischen Gründen und zur Einsparung von Stauraum mußte der Oberwagen des ersten Bandwagens mitsamt 18-m-Aufnahmeband und

Während der dickste Brocken des Transportpaketes, der Schaufelradbagger, noch in der Fertigungshalle des LMG-Werkes fahrbereit und seefest gemacht wird, geht's an den Kaianlagen und auf dem Schiff schon los: Als erster soll ein 160 t wiegender Bandwagen, ein sogenannter Zwischenförderer, das deutsche Festland verlassen. Seine beiden Bandausleger sind 18 und 32 m lang, also zusammen 50 m. Solch eine Maschinenlänge erfordert äußerst vorsichtiges Hantieren und Heben, damit weder der vordere noch der hintere Ausleger irgendwo anecken kann

Fast mit Leichtigkeit „fliegt" der erste Bandwagen zu nächtlicher Stunde am rollenden Portalkran auf die Dock Express 11. Schiffsbesatzung und die „Landratten" von O&K dürfen sich beruhigt einige Stunden Schlaf gönnen: Die erste Verladung hat mehr als gut geklappt!

Die Morgensonne lacht, der nächste Bandwagen steht bereit. Am vierten Tag der Verladung wird früh begonnen, denn viel steht auf dem Programm: Bandwagen Nummer 2 und 3 – und möglichst noch der Schaufelradbagger. Mit genau passenden Längstraversen auf der gewaltigen Haupt-Quertraverse muß jeder der drei Bandwagen angeschlagen werden. Der erste Bandwagen wurde mittig stehend verladen, die zwei folgenden Bandwagen steuer- und backbord. Deshalb wird die Traverse des Portalkrans für jeden Lastfall genau nach Stauplan umgebaut

Die 154 m lange und 24 m breite Dock Express 11 hat auf der Trave am Kai des Lübecker O&K-Werkes festgemacht. Das niederländische Schiff bietet für Spezialtransporte aller Art und diffizile Frachtprobleme eine Nutzlastkapazität von 13 000 t. Eigentlich ist die Dock Express 11 recht einfach konstruiert, doch zwei hinter den Decksaufbauten verfahrbare Portalkrane, die je 500 t heben können, vordere „Spudpole" (mittschiffs vor der Kommandobrücke, wird zur Stabilisierung des Schiffes durch eine Öffnung im Schiffsrumpf in den Hafengrund eingerammt) und heckseitige 19,2 m lange Kranschienen machen den Schwertransporter zu einem technischen Leckerbissen!

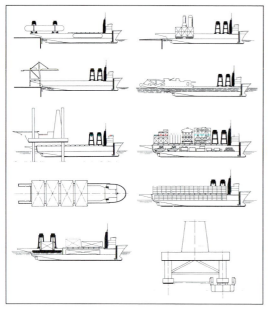

Die Konstrukteure der Dock Express waren erfindungsreich: Durch den flutbaren Laderaum, die Ebene mit Abdeckungen, die beiden verfahrbaren Portalkrane und die lange, nicht unterbrochene Nutzfläche kann das Schiff auf vielfältige Weise Lasten aller Art transportieren, aber bei Bedarf auch selbst aufladen und löschen. Sogar das „Unterschwimmen" von Lasten und Heben durch anschließendes Auftauchen ist möglich. Hohe Lasten können auf den Abdeckungen, weniger hohe im Fracht-Dockraum befördert werden

32-m-Abwurfband vorsichtig auf dem Plattendeck geschwenkt werden. Derartige Maßnahmen waren zuvor im Rahmen der Transportlogistik genau geplant worden.

Da der erste Bandwagen mittig stehend verladen wurde, die beiden folgenden Bandwagen jedoch steuerbord und backbord, war die Traverse des Portalkranes für jeden Hub eines Bandwagens umzubauen. Nach den drei Bandwagen wurde das 9,9 m durchmessende, mit 13 Schaufeln von je 750 l Inhalt bestückte Schaufelrad des Baggers verladen.

Schwierige Rangierfahrt

Zum krönenden Abschluß kam der 55 m lange, 15 m breite und 16 m hohe Schaufelradbagger Typ SchRs 750 / 1,8 x 18,5 an den Haken. Zuvor wurde der Bagger aus seiner hohen Fertigungshalle zum Hellingtor direkt zum Heck der Dock Express 11 rangiert.

Dazu war eine zwar nur wenige hundert Meter lange, aber infolge einer 90-Grad- und einer 180-Grad-Wendung nur dank sorgfältiger Einweisung zu befahrende Strecke vom Bagger zurückzulegen. Erstaunlich wirkte hierbei die Wendigkeit eines derartigen Großgerätes, das diesmal nicht im Tagebau, sondern auf einem räumlich begrenzten Werksgelände zentimetergenau gesteuert werden mußte.

Auch wenn solch ein Koloss mit einer Höchstgeschwindigkeit von 9,6 m/min – das sind 0,576 km/h – nicht gerade schnell ist, war doch höchste Aufmerksamkeit gefordert. Kurz nach Ausfahrt aus der Halle mußte der Oberwagen samt großem Schaufelradausleger um 180 Grad geschwenkt werden, was durch ein Hallendach auf der einen und einen Kaikran auf der anderen Seite ein wenig problematisch war und mehrere kleinere Fahrbewegungen des Baggers verlangte.

Zur Unterstützung hatte der an derartige „Hindernisfahrten" keineswegs gewöhnte Fahrer oben in der Baggerkabine einen Begleitmann, der per Sprechfunk mit dem „Bodenpersonal" Kontakt hielt und oft an den Fenstern hockte, um bessere Sicht auf eventuelle Hindernisse zu haben.

Große Sorgfalt beim Nachregeln verlangte das kontinuierliche Schwenken des langen Bandauslegers in einer Kurve. Der während der Kurvenfahrt langsam wie ein großer Zeiger seitlich wandernde Bandausleger durfte weder mit der Halle noch dem Kaikran kollidieren. Doch nach ein paar Stunden war das Ziel unten auf der Helling endlich erreicht. Nun wurde es am späten Sonntagabend richtig spannend!

Bodenplatten wurden durchbrannt

Für diesen schwersten Lastfall verwendete man beide Schiffsportalkrane. Der Bagger sollte an zwei nicht miteinander verbundenen Längstraversen angeschlagen werden. Ungeachtet seiner Größe mußte der Bagger auf dem Hellingboden zentimetergenau unter den Traversen positioniert werden, weil zum Durchführen und Befestigen der Seile am Baggerunterwagen von den Monteuren an exakt bestimmten Stellen Öffnungen in die massiven Bodenplatten der 3,2 m breiten Raupenfahrwerke gebrannt wurden.

Eine andere Lösung war nicht möglich: Durch das Manövrieren und die zahlreichen Fahrbewegungen des Baggerkolosses waren diejenigen Kettenglieder beziehungsweise Bodenplatten, die Öffnungen haben mußten, keineswegs vorher genau zu bestimmen. Andererseits ist ein 678-t-Bagger nicht „mal so eben" von seinen mächtigen Raupenketten zu befreien. Was übrig blieb, war das Brennen von Löchern in die Bodenplatten.

Eine Bemerkung am Rande: Eine kleine, rund geschnittene Öffnung beeinträchtigt die Tragfähigkeit und Kräfteaufnahme einer Bodenplatte nur unwesentlich. Man denke hier an die Erleichterungsöffnungen (meist Kreise) in beliebigen Stahlkonstruktionen, die ebenfalls den Kräftefluß nicht stören. Inso-

Der dockähnliche Laderaum der Dock Express 11 kann bei Bedarf geflutet werden. Die drei Bandwagen und der Schaufelradbagger werden aber nicht darin, sondern auf stabilen Plattenabdeckungen über dem Dock- beziehungsweise Laderaum abgesetzt und seefest verzurrt. Ganz rechts im Bild die Fahrschienen der 500-t-Portalkrane

Der zweite, 55 m lange und 160 t schwere Bandwagen wird mit dem heckseitigen Portalkran über fast 100 m Decklänge auf die vorderen Laderaumabdeckungen, deren stabile Konstruktion durch die 1,8 m mächtigen Querverstrebungen ersichtlich wird, transportiert. Durch die große lichte Höhe der Portalkrane von 21,6 m stellen auch hohe Frachten kein Hindernis dar

Dick sind die Stromkabel, die elektrisch angetriebene Fördermaschinen wie Bandwagen und der Schaufelradbagger zum Vorankommen benötigen. Damit die Fahrmotoren mit Strom gespeist werden können, müssen Kabel geschleppt werden – und einige „Steckdosen" der besonderen Art

fern wurden die eingebrannten Löcher am Einsatzort wieder zugeschweißt und minderten die Baggertauglichkeit keineswegs.

Die dicken Stahlseile wurden zwischen Raupenschiffen und Unterwagen an vier Traversen angeschlagen, die die Querträger des Unterwagens sicherer heben konnten als nur an den Unterseiten herumgeführte Seile. Sonst jedoch lastet das Baggergewicht auf diesen Querträgern, wird aber nicht an ihnen in die Höhe gewuchtet.

Bei nächtlichem Dunkel taghell ausgeleuchtet, erfolgte der Hub mittels acht Hakenflaschen mit je 125 t Tragkraft. Sobald der Bagger auf 10 m Höhe über Hellingboden angehoben war, starteten beide 500-t-Kranportale ihre Schleichfahrt bis über den Laderaum, wo der Bagger langsam abgesenkt und am folgenden Tag hochseesicher verzurrt wurde.

Großauftrag aus Surinam

Lange bevor der Schaufelradbagger und die Bestandteile des Fördersystems auf ihre Reise gingen, berichtete O&K vom Eingang eines Großauftrages mit einem Gesamtvolumen von über 30 Millionen Mark, also etwa 15 Millionen Euro: „Ein komplettes Abraumfördersystem für einen neu zu eröffnenden Bauxit-Tagebau liefert der Unternehmensbereich Anlagen und Systeme der O&K Orenstein & Koppel AG an ein Unternehmen in Surinam, Südamerika. Die Fertigung liegt zu fast 100 Prozent im O&K-Werk Lübeck. Im zweiten Quartal 1991 soll das Fördersystem in Betrieb genommen werden", teilte die Pressestelle des Unternehmens mit.

Weiter hieß es damals: „Bei den Geräten handelt es sich um einen Kompakt-Schaufelradbagger modernster Bauart mit den dazugehörigen Zwischenförderern und der kompletten Förderanlage. Eingesetzt wird der 50 m

Ausleger-Schachtelung

Trotz des reibungslosen Ablaufs der Aktion atmeten Transportspezialisten, O&K-Techniker und Schiffsmannschaft auf, als die komplette Ladung sicher an Bord untergebracht war. Das verschiffte Gesamtgewicht der Ladung betrug zwar „nur" 1780 t, einen Begriff von den Dimensionen lieferte aber eine andere Zahl: Bagger, Bandwagen und restliche Geräte nahmen einen Stauraum von 37 000 m³ im Schiff ein. Trotz der Größe der Dock Express 11 konnte dieses Transportvolumen nur durch die sorgfältig vorgeplante, ausgeklügelte Schachtelung der Bandausleger von Zwischenförderern und Schaufelradbagger untergebracht werden.

Die Schiffsreise der Dock Express 11 nach Surinam – über 2000 Seemeilen – dauerte 15 Tage. Für das dortige Entladen des Fördersystemes wurden vier Tage veranschlagt. Bereits im Werk wurde der Schaufelradbagger auf den Namen „Tien Pontoe" getauft. Dies war der Spitzname eines Einwohners des damaligen Holländisch-Guayana, der in den vierziger Jahren lebte und als Nimmersatt galt. Ähnlich sollte der Bagger, niemals satt werdend, 20 m mächtige Abraumschichten über den wertvollen Bauxitvorkommen „abfressen".

Trotz der starken Strömung des bei Paramaibo 900 m breiten Flußes Suriname, der dem Land seinen Namen gibt, mußte die Dock Express 11 quer zum Fluß anlegen und festmachen, weil die Entladung wiederum über das Schiffsheck erfolgte. Wegen der

Unter den Schaufelradbaggern zwar ein Zwerg, als Frachtgut aber ein Brocken von beachtlicher Größe: So sieht ein 678 t wiegender SchRs 750/1,8 x 18,5 (so die offizielle Typenbezeichnung) für 72 000 m³ Tagesförderleistung im fertig montierten Zustand am Einsatzort aus. Schaufelrad und Abwurfförderband können getrennt geschwenkt werden, wobei der Schaufelradausleger mit dem Oberwagen verbunden ist und nur durch einen großen Hydraulikzylinder in der Höhe verstellt werden kann   Bild: O&K Tagebau- und Umschlagtechnik

lange und 20 m hohe Bagger beim Abtragen der Erdmassen über dem Bauxit-Vorkommen. Die Gesamtanlage ist für eine effektive Leistung von 3000 m³ in der Stunde ausgelegt, dies entspricht einer maximalen Tagesleistung von 30 000 m³ Abraum."

Mit seinem großen Schaufelrad von 9,9 m Durchmesser und hochgestelltem Ausleger erreicht der Bagger eine beachtliche Schneidhöhe von 18,5 m. Da stets über dem Standplanum gebaggert wird, darf die Schneidtiefe nur 1,8 m betragen. Der Abraum gelangt vom Schaufelrad auf ein 1,6 m breites Förderband, das die Massen mit 3,8 m/sec Bandgeschwindigkeit in den Aufnahmetrichter eines der Bandwagen schüttet.

Die drei Bandwagen, auch Zwischenförderer genannt, werden flexibel genutzt und können auch als haldenseitige Absetzer dienen, die den Abraum mit dem 32 m langen Abwurfband bei ständigem langsamen Hin- und Herschwenken verstürzen. Die Förderbänder der Bandwagen sind ebenfalls 1,6 m breit und rotieren mit gleicher Geschwindigkeit.

Rückt der Bagger beim Abtragen des Abraumes weiter und weiter von der abfördernden Bandstraße fort, wird erst ein, dann ein zweiter und bei Bedarf auch der dritte Bandwagen als Zwischenförderer genutzt. Die Bandwagen dienen dann zur Überbrückung der Lücke zwischen Bagger und Bandstraße.

Als Auftraggeber zeichnete das Unternehmen N. V. Billiton Maatschappij Suriname. Orenstein & Koppel unterhielt zu diesem Unternehmen seit Ende der fünfziger Jahre gute Geschäftsbeziehungen und lieferte in diesem Zeitraum bereits drei Schaufelradbagger und mehrere Zusatzgeräte.

Der Auftragsvergabe vorangegangen waren zahlreiche Besuche in Surinam. Der O&K-Projektleiter zu jener Zeit, Joachim Rodenberg, erklärte: „Derartige Geräte werden stets maßgeschneidert. Eine Standardfertigung ist nicht möglich, da die jeweiligen Einsatzgegebenheiten und Tagebaubedingungen zu unterschiedlich sind."

Den Zuschlag für den Bau erhielt das Lübecker Unternehmen, das eigentlich als LMG firmierte (Lübecker Maschinenbau-Gesellschaft), über viele Jahrzehnte aber zu O&K gehörte, gegen mehrere große Konkurrenten aus der Bundesrepublik und der damaligen Deutschen Demokratischen Republik. Gemeint waren damit wahrscheinlich Schaufelradbagger von Demag, Krupp, Weserhütte und dem DDR-Unternehmen Takraf.

Abschließend teilte die O&K-Pressestelle mit: „Ein Novum bei diesem Auftrag: Der Schaufelradbagger wird nicht in Einzelteilen zum Einsatzort gebracht und dort montiert, sondern in einem Stück verschifft." – Was hier nur wenige Worte beanspruchte, sollte sich in der Praxis als recht komplizierte Hub- und Transportaufgabe erweisen.

Nachdem der letzte der drei Bandwagen fast schon routiniert auf das Schiff geliftet wurde, geht es noch am gleichen Tag an den mächtigen Bagger mit der nichtssagenden Referenz-Nummer 445 und der ebenso wenig beeindruckenden Geräte-Nummer L 1424, der erst mal aus der Fertigungshalle manövriert werden muß. Das erste Mal sitzt ein O&K-Mitarbeiter an den Steuerhebeln eines mehr als ein halbes Tausend Tonnen wiegenden Schaufelradbaggers, und dann muß bei dieser ersten Fahrt gleich auf wenige Zentimeter genau rangiert werden. Gelegenheiten für Probefahrten gab es nicht!

Was 55 m Gesamtlänge und 15 m Breite bedeuten, zeigt sich nach wenigen Fahrmetern: Maschinendimensionen, die im giganti-schen Umfeld eines Tagebaues schlicht verschwinden, nehmen sogar auf einem Werftgelände bedrohliche Größe an. Für die weitere Fahrt und zum Verladen muß der Oberwagen des Schaufelradbaggers um 180 Grad geschwenkt werden. Trotz des aus-gebauten Schaufelrades ist das eine spannende, knappe Angelegenheit. Doch das Hallendach blieb heil ...

geringen Tragfägigkeit des Untergrundes im Uferbereich konnte „Tien Pontoe" erst 13,5 m von der Kaikante abgesetzt werden, was mit den Portalkranen des Schiffes durchaus möglich war. Nun fuhren die Bandwagen und der Schaufelradbagger mit eigener Kraft die etwas mehr als 4 km lange Strecke zum Tagebau, andere Komponenten des Fördersystems wurden auf Tieflader verladen.

Der erfolgreiche Verlauf der Aktion – also realistische Planung, Verladung, Transport, Entladung – verdeutlichen, daß auch schwere Tagebaugeräte über weiteste Distanzen auf wirtschaftliche Weise transportiert werden können. Der Bagger konnte im Lübecker Werk komplett montiert, getestet und eingestellt werden. Umfangreiche, zeitraubende Montagearbeiten am Einsatzort erübrigten sich, wodurch sich wiederum die Lieferzeit beträchtlich verkürzte. O&K hat mit dieser Aktion neue Wege in der Lieferung von Tagebau-Großgeräten beschritten.

Die komplette Verladung aller Komponenten,

Bandwagen und des Baggers dauerte nur vier Tage und brachte, von üblichen, aber zu vernachlässigenden Kleinigkeiten abgesehen, keinerlei Probleme mit sich. Schwerlich weltweit zu recherchieren, hat es den Anschein, daß im Rahmen des Projektes 1990 erstmals in der Geschichte ein dermaßen schweres und großes Fördergerät in einem Stück verladen und transportiert wurde.

Berücksichtigt man in diesem Zusammenhang nicht nur die Möglichkeiten der See-, sondern auch der Binnenschiffahrt, hat Orenstein & Koppel mit der Verladung des kompletten Fördersystems einen interessanten Beitrag für den wirtschaftlichen, rationellen und umweltfreundlichen Großgeräte-Transport geleistet. Durch die Verladung wurde bewiesen, daß Tagebau-Großgeräte nicht grundsätzlich erst am Einsatzort unter beträchtlichem Aufwand errichtet werden müssen, sondern dank einer ausgefeilten Logistik auch komplett montiert zum Einsatzort gelangen können.

Geschafft, nach dem Schwenken geht's voran: Bevor der Schaufelradbagger auf Seereise geht, ist eine kleine Fahrstrecke an Land zurückzulegen. Doch eng bleibt es, so dass sich der Fahrer stehend und bei geöffnetem Fenster sicherheitshalber mit dem Einweiser abstimmt und zudem ein Mitarbeiter (ganz vorne) mit Sprechfunk weitere Hinweise durchgibt. Solch eine Fahrt hätte auch ein Computerprogramm kaum bis ins Detail simulieren können

Nachdem Tien Pontoe, so der Name des Schaufelradbaggers, vorsichtig die Rampe auf die Helling hinuntergekrochen ist und eine enge, letzte Kurve genommen hat, ist das Ziel in Sicht. Nur noch geradeaus rollen! Die beiden mächtigen Portalkrane (unten) mit zusammen 1 000 Tonnen Tragkraft sind bereits eng zusammengerückt, um den schwersten Brocken dieses Transportes auf das Deck befördern zu können. Wegen der komplizierten Vorbereitungen beginnt die Baggerverladung erst in der Nacht von Sonntag auf Montag

An diesen beiden Traversen soll der Schaufelradbagger bald hängen! Die Aufschriften „125 t" täuschen, sofern nicht mitgerechnet wird: Jeweils zwei Haken hintereinander heben jede Traverse, ingesamt also vier mit zusammen 500 t. Macht bei zwei Traversen 1000 t, so daß sich Tien Pontoe in Sicherheit wiegen darf. Zum Anschlagen der Seile ist der Schaufelradbagger exakt über den beiden Längstraversen zu positionieren, die unter den Verbindungsträgern der Raupenfahrwerke angeordnet werden und diese sicher anheben sollen. Die Arbeiter veranschaulichen die Dimensionen des Baggers und der Seilschlingen

Zum Durchführen und Befestigen der Seile am Baggerunterwagen schneiden O&K-Monteure exakte Öffnungen in die Bodenplatten der 3,2 m breiten Raupenfahrwerke. Doch das Einfädeln der dicken, wenig flexiblen Schlingen der Stahlseile gestaltet sich schwieriger als erwartet. Je eine soll an einer Traverse befestigt werden, die dann unter den Querstreben, die die Raupenschiffe mit dem Unterwagen verbinden, äußerst vorsichtig angehoben werden. Mehrere Mitarbeiter auf den Raupenketten und auf dem Baggeroberwagen müssen das tastende Anziehen der Seile Zentimeter um Zentimeter verfolgen

Genau hinsehen: Die Raupenketten hängen unten durch! Unmerklich langsam hebt sich der Baggerriese vom Boden – ein spannender Moment für alle Beteiligten. Diese Sekunden entscheiden, ob alles gut geplant war und ob das Verladekonzept mit den Traversen unter dem Baggerunterwagen richtig ist. Immerhin lasten Bagger sonst auf den Raupen, werden aber nicht an ihnen gehoben. Ein seltener Anblick: Wann ist schon mal ein 55 m langer und 15 m breiter Baggergigant von unten zu bewundern? Schön zu erkennen sind zwei der vier gelben Traversen (unten am linken Raupenfahrwerk), die die Querträger des Baggerunterwagens sicherer heben als nur an den Unterseiten herumgeführte Seile

Der 678 t wiegende Schaufelradbagger verläßt das LMG-Gelände und seine deutsche Heimat: Sicher an den Haken und Traversen der beiden Portalkrane hängend, entschwebt Tien Pontoe zum Ladedeck des Schiffes. So etwas gab es noch nie, denn sonst werden Maschinen dieser Größe nur in Komponenten vom Werksgelände transportiert

Ein Heizkraftwerk wird erneuert

von Wolfgang Weinbach

Nachdem das Heizkraftwerk in Köln-Niehl seit der Inbetriebnahme im Jahre 1976 mit einer Verfügbarkeit von 97 Prozent äußerst zuverlässig war, hatte man jedoch die wirtschaftliche Lebensdauer nach der Jahrtausendwende erreicht. Ein neues Kraftwerk „Niehl II", besser gesagt eine Kraft-Wärme-Kopplungsanlage auf Basis der Gas- und Dampfturbinentechnik für den Brennstoff Erdgas, wurde 2003/2004 unmittelbar neben der alten Anlage errichtet. Es werden seither rund 400 Megawatt elektrische Leistung und bis zu 370 Megawatt Fernwärme erzeugt.

Hauptkomponenten der Anlage sind eine Gasturbine (260 MW), ein nachgeschalteter Abhitzekessel, der mit den heißen Abgasen der Gasturbine beheizt wird (270 Tonnen Dampf pro Stunde) und eine Dampfturbine (145 MW elektrische Leistung), aus der sich etwa 265 MW Fernwärme auskoppeln lassen. Der maximale Gesamtnutzungsgrad liegt für das neue Kraftwerk bei über 86 Prozent.

Ende 2003 wurden innerhalb von knapp zwei Monaten die wesentlichen Großkomponenten der neuen Anlage, wie Gasturbine, Generator, Wärmetauscher und Kaminteile angeliefert und montiert. Hierbei kamen einige deutsche Schwerlastfirmen und Kranverleiher zu entsprechenden Transport- und Hubarbeiten. Die Bauteile wurden dabei im Hafen Köln-Niehl per Schiff angeliefert, dort mit Großkranen umgeschlagen und schließlich innerhalb des Hafengeländes über knapp drei Kilometer zur Kraftwerksbaustelle transportiert. Weitere Großkrane übernahmen dann die Montage.

Die Kesselanlage, bestehend aus knapp 20 überdimensionalen Wärmetauschern mit einem Stückgewicht von bis zu 150 Tonnen, wurde von zwei Liebherr Teleskopkranen (LTM 1300 und LTM 1500) unter Einsatz einer speziellen 200-t-Traverse am Kai umgeschlagen. Die beiden von Colonia gestellten Krane standen für knapp zwei Wochen voll

Die beteiligten Colonia-Krane (LTM 1500 und dahinter LTM 1300) stehen abfahrbereit vor der Firmenzentrale

Die beiden 500 t bzw. 300 t Krane waren zwei Wochen mit angehängter Spezialtraverse im Niehler Hafen im Entladeeinsatz

aufgerüstet und abgespannt für die nahezu täglichen Schiffsentladungen am Hafenbecken. Jeweils zwei Teile wurden dabei nacheinander auf bereitstehende Schwertransporter von Max Goll verladen. Die äußerst empfindlichen „Rohrbündel" konnten dabei nur mit besagter speziell angefertigter Lasttraverse verladen werden, da die zahlreichen nicht baugleichen Teile an mindestens einem Dutzend Aufhängepunkte angelascht werden mussten. Max Goll setzte für die Transporte zum einen eine MAN TG 660 A XXL mit aufgesatteltem Goldhofer-Auflieger (4achs-Hochbett-10achs) ein. Das zweite Gespann bestand aus einem MAN FE 600 A mit gleichfalls aufgesatteltem 4achs-Hochbett-8achs-Goldhofer.

Auf der Baustelle angekommen, wurden die Wärmetauscher (LxBxH / 22 x 4,65 x 2,9 m) von der Firma Riga Mainz in Empfang genommen. Diese bettete die Teile mit einem schon etwas betagten LTM 1400 und dem eigentlichen Hauptkran, dem aufgesockelten LRD 1600/1 (Riga Eisele), in eine weitere spezielle Aufrichtetraverse um. Einige weitere Hilfskrane (60 bis 120 t), die wiederum von Colonia und von HKV bereitgestellt wurden, entfernten die ursprünglichen Anschlagbettungen, die nur für das horizontale Verladen benötigt wurden.

Der mit 77 m SL-Ausleger (245 t Oberwagenballast) aufgerüstete LRD 1600/1 nahm sich die Wärmetauscher anschließend vor Kopf. Die empfindliche Last wurde vom LTM 1400 mit der „Aufrichtebettung" gleichmäßig nachgeführt, so dass es zu keinerlei mechanischer Überlastung der Rohrbündel kommen konnte. Eine Beschädigung hätte ansonsten im späteren Betrieb, bei Temperaturen von 570 Grad Celsius und einem Druck von 131 bar, fatale Folgen gehabt.

An der schon bekannten Umschlagstelle im Hafen hatten es die beiden Colonia-Krane einige Tage später dann mit einer wesentlich schwereren Last zu tun, auch wenn sich ihr Arbeitsanteil dabei als eher verschwindend gering herausstellte. Zu entladen war ein Generator mit einem Gewicht von immerhin 305 t. Der Hub vom Schiff auf den bereitstehenden 16-achsigen Goldhofer-Roller der Firma Wirzius war dann doch eine Nummer zu groß für die beiden 300/500-Tonner. Hierfür kam ein Schwimmkran, genau gesagt ein als Sockelkran auf einen Ponton montierter Demag CC 2000 S zum Einsatz. Dieser hatte allerdings lediglich eine maximale Tragfähigkeit von 300 t bei der hier erforderlichen Ausladung. Neben den 305 t Generatorgewicht mussten jedoch auch An-

Eine der beiden von MAX GOLL eingesetzten Kombinationen (4 + 8achs) wurde von einer MAN FE 600 A gezogen

Das Stückgewicht dieses empfindlichen Teiles lag bei 140 t

Unmittelbar vor den beiden Entladekranen musste mit den Transportfahrzeugen teilweise rangiert werden. Gut zu erkennen sind hier die unterschiedlichen Lenkeinschläge der Pendelachsen

Und wieder hängen 150 t Wärmetauscher an den zahlreichen Anlaschpunkten der Spezialtraverse

Im Hintergrund ist der alte Heizkraftwerkblock mit dem Kamin zu sehen

Die 200 t-Traverse wurde eigens für die empfindlichen Rohrbündel angefertigt

Die Last ist auf dem Ladebett abgelegt. Die Transporte mussten nach der Verzurrung des Ladegutes knapp 100 m zurücksetzen. Bei dem vor Ort teilweise unebenen Untergrund hatte der Achsausgleich gut zu arbeiten

schlagseile und Hakengewicht berücksichtigt werden, womit man auf knapp 330 t kam. Somit mussten die erwähnten Teleskopkrane geringfügig Hilfestellung während der Verladung geben. Mit lediglich jeweils 15 t im Haken waren die beiden Liebherr-Krane zwar keineswegs überfordert, aber doch unersetzlich. Der Verladevorgang des Generators zog sich, durch das Heranschwimmen des belasteten Schwimmkrans über knapp zwei Stunden hin. Dann hatten die drei Schwerathleten ihre Last in der bereits einbrechenden Dämmerung auf dem Roller abgesetzt. Der noch aufballastierte LTM 1300 musste anschließend die Kaianlage räumen, um der Wirzius-Zugmaschine vom Typ DB 3553 Platz zum Ankuppeln zu machen. Gegen 22.00 Uhr konnte man dann Richtung Kraftwerksbaustelle aufbrechen.

Am folgenden Abend wurde die 320 t schwere Gasturbine auf die gleiche Weise verladen. Für den Transport eines knapp 220 t schweren Transformators war wieder die Firma Baumann mit einer 12-achsigen Transporteinheit zuständig.

Weitere „Kleinteile", hier ist zum Beispiel ein nur 90 t schwerer Hilfsboiler zu nennen, transportierte Colonia mit einem Gespann, bestehend aus MAN-Zugmaschine und aufgesatteltem drei plus 5achs Tiefbett-Auflieger. Die weitaus sperrigeren Teile der Kaminanlage, die eine Breite von bis zu 10 Metern hatten, wurden an einer zum Kraftwerk gehörenden Kaianlage umgeschlagen und nur über knapp 100 m zur Baustelle verfahren.

Die Wärmetauscherteile wurden immer „just in time" zur Baustelle transportiert, wie sie von den dort arbeitenden Großkranen benötigt wurden. Deshalb mussten die Transporte schon einmal ein paar Stunden an der Ausladestelle warten

Da die Transporte nur innerhalb des Hafengeländes durchzuführen waren, konnte bei Tage gefahren werden und dies ohne Polizeibegleitung

Auf der Baustelle musste dann noch einmal kräftig am Lenkrad gedreht werden. Mit der Kabel-Steuerung wurde der Auflieger beim Rückwärtsrangieren spielerisch einfach nachgelenkt

Im Hintergrund wartet bereits der von Riga-Eisele eingesetzte Liebherr-Kran

Leider zu spät vor Ort gewesen: Das 150 t schwere Rohrbündel hängt bereits frei an dem LRD 1600/1. Die graue Aufrichtebettung wurde beim Senkrechtstellen der Wärmetauscherteile von dem rechts zu sehenden LTM 1400 nachgeführt. Das Rohrbündel ist auf dem Weg nach oben

Der aufgesockelte LGD 1600/1 muss die Last erst einmal auf Höhe bringen, um damit anschließend über das Kesselhaus zu schwenken. Während des Einhebens des Rohrbündels lassen die Hilfskrane die Aufrichtebettung wieder in die Horizontale ab. Die Aufrichtebettung war ebenfalls eine Sonderanfertigung für diese Monatagearbeiten

Der handliche 90 t-Hilfsboiler konnte von Colonia selbst transportiert werden

Ein auf einen Ponton aufgebauter Demag-Kranoberwagen vom Typ CC 2000 S hatte beim Entladen des 305 t schweren Generators die Hauptarbeit zu leisten. Nachdem das Transportschiff unter dem angehobenen Generator entfernt worden war, konnte die Last durch Heranschwimmen des Kranpontons an die Kaimauer langsam über Land gebracht werden. Das Entladen des 305 t-Generators konnte nur in Teamarbeit geschafft werden. In der beginnenden Abenddämmerung war der Generator endlich über dem bereitgestellten 16-Achser von Wirzius eingeschwebt

Nur noch wenige Zentimeter, und der Generator setzt auf dem Transportfahrzeug auf. Die DB 3553 von Wirzius war nur für die Heranbringung des leeren Goldhofer-Rollers zuständig. Für den Transport des Generators zur Baustelle benötigte sie noch weitere Unterstützung

Transport einer Splitterkolonne

von Norddeutschland nach Burghausen/Bayern

von Michael Müller

Im Herbst des Jahres 2005 erfolgte einer der größten Schwertransporte Norddeutschlands. Die im niedersächsischen Flechum gefertigte dreiteilige Kolonne mit Ausmaßen von 5,6 Metern im Durchmesser, 92 Metern Länge und einem Gewicht von 850 Tonnen, bestimmt für eine Chemiefirma im bayrischen Burghausen, musste auf den Weg gebracht werden. Auf Grund der Abmaße konnte die Kolonne nicht in einem Stück vom Hersteller zum Kunden geliefert werden. Auch ein Straßentransport über die gesamte Strecke war nicht möglich. Es kam also nur ein Transport im kombinierten Verkehr in Frage. Den

ersten Teil des Transportes führte die niederländische Firma Wagenborg durch. Von Flechum ging es zur neu angelegten Kaianlage Sedelsberg am Küstenkanal. Weiter per Schiff nach Passau und dann wieder über die Straße bis Burghausen. Diesen Transport führten die Firmen Baumann und Felbermayr durch.

Zu einer zeitlichen Verzögerung kam es durch zwei Sperrungen des Dortmund-Ems-Kanals. So mussten die Schiffe nach Beseitigung der ersten Sperrung mehrere hundert Kilometer Umweg über das Ijsselmeer fahren. Nach Ankunft der Schiffe in Passau erfolgte die nächtliche Entladung bei Eis und Schneetreiben, so dass der Transport am darauf folgenden Morgen auf die Reise geschickt werden konnte. Auf Grund der Streckentopografie mussten alle Bauteile mit Drehschemeln gefahren werden. Durch die Umfahrung einiger Brücken waren die Zugmaschinen gezwungen, mehrfach die Richtung zu ändern. Aber am Abend erreichte der Transport den Zielort Burghausen. Hier wurden die Kolonnenteile abgeladen und zwischengelagert.

Den letzten Teil des Transportes führte wieder Wagenborg durch. Schwierigste Hindernisse mussten bewältigt werden. Die Strecke führte durch engste Wege und zwischen Rohrbrücken hindurch. Dann wurde die Kolonne zusammengeschweißt, und am eigentlichen Standplatz senkrecht aufgestellt.

Start beim Sonnenaufgang: Die ersten Meter müssen rückwärts zurückgelegt werden

Behutsam geht es durch die erste Kurve vom Firmengelände auf die Straße. Nachdem diese erreicht ist, kann der ...

... Vorwärtsgang eingelegt werden. Als Schubmaschine dient ein Mercedes 3553 mit Ballastpritsche

Nach kurzer Geradeausfahrt erfolgt die erste Abbiegung. Wegen des langen Tiefladers muß die Verkehrsinsel überfahren werden. Hier ist die Radverschränkung deutlich zu erkennen. Der dritte Teil biegt ein, gezogen von einer Titan Zugmaschine

Auf freier Strecke
kann die Geschwin-
digkeit geringfügig
erhöht werden. Die
Bäume stehen zum
Glück nicht zu dicht
an der Straße. Auch
das dritte Teil bei
voller Fahrt

Eine scharfe Abbiegung, ein großer Baum und eng an der Straße stehende Häuser erfordern Augenmaß. Zum Überfahren des Bürgersteigs werden zuvor Bleche ausgelegt, die den Straßenbelag schützen

Die Kurve ist gemeistert

Hier sind die Lenkeinschläge der Achsen gut zu erkennen. Der Hafen am Küstenkanal ist nicht mehr weit

Nächtliche Entladung im Passauer Hafen, das Fußstück ist bereits entladen

Das Bauteil hängt noch am Autokran und wird gerade an den Drehschemeln befestigt

Das mittlere Bauteil von hinten im leichten Schneetreiben

Im Gegensatz zum Vorlauf des Transportes müssen alle drei Bauteile auf Drehschemeln befördert werden

Scheinbar aus dem Wald als „Geisterfahrer" kommt das Fußstück schließlich herangerollt – der obere Teil

Wegen einer zu niedrigen Brücke muss diese über die Auf- und Abfahrten umfahren werden. Die Zugmaschinen wenden

Nun geht es in anderer Richtung weiter. Die nächste Abbiegung lässt nicht lange auf sich warten. Auch hier werden die Zugmaschinen wieder gewendet, um umgekehrt weiterfahren zu können

Felbermayr Zugmaschine Mercedes 3553 biegt in die Kurve ein. Schließlich hat Teil drei ebenfalls die Abbiegung gemeistert

Und schon warten die nächsten schwierigen Kurven

Hier muss der MAN schon ganz schön ran: Mit Anlauf um die Kurve, weiter den Berg hinauf

Durch die Mittelinsel ist der Operationsbereich stark eingeschränkt, doch es war nicht notwendig, zurückzusetzen

In dieser Kurve legt sich die Drehkranzauflage auf den Roller auf

An einer Steigung muss zur Traktionsverbesserung eine dritte Zugmaschine vorgespannt werden

Trafo-Transport in England

von Timothy Cotton

Im März 2008 transportierte ALE aus Hixon, Staffordshire (England) im Auftrag eines Stromversorgungsunternehmens einen großen Transformator zu einer Schaltanlage in der Nähe von Manchester. Der Trafo wurde auf einer Kesselbrücke befördert, die von 20 Achslinien unterstützt wurde. Allerdings war der Trailer zu groß, um in das Gelände einfahren zu können. Deshalb musste der Transport kurz vor dem Ziel angehalten werden, um den Trafo auf einen brandneuen Goldhofer-Roller zu verladen.

Damit war ein deutlich besseres Manövrieren gewährleistet. Nach Abschluss der Verladeaktion wurden alle Fahrzeuge über Nacht geparkt. Die letzte Etappe des Transports wurde am folgenden Morgen in Angriff genommen, als sich der Berufsverkehr gelegt hatte.

Der Transport erforderte drei Zugmaschinen von Faun: eine zum Ziehen, eine zum Schieben und eine für den Goldhofer Trailer. Außerdem wurden verschiedene Tieflader für die Überbrückungsplatten benötigt, diverse Stahlstützen und ein Kran von Liebherr, um die Platten in die richtige Position zu bringen. Der Anhebevorgang bedingte, dass die Kesselbrücke in dem für den Verkehr gesperrten Teil der Straße über die Überbrückungsplatten fuhr. Die Hydraulik des Trailers schob den Trafo dann so hoch, dass die Stahlstützen unter die Brücke platziert werden konnten. Die Kesselbrückenauflagen wurden dann abmontiert und abtransportiert, so dass die Träger und der Trafo auf den Stahlstützen zurückblieben. So konnte der Goldhofer Trailer die Träger samt Trafo unterfahren und anheben und die Stahlstützen zum Abbau freigeben.

Der Weiterfahrt zum Aufstellungsort des Trafos stand nun nichts mehr im Weg und die Straße konnte wieder freigegeben werden.

Schwertransport in England: Großer Transformator auf einer Kesselbrücke, gezogen und geschoben von Faun-Zugmaschinen

Die Tieflader DAF 95 XF und Renault 6x2 mit Hiab Kran lieferten die Überbrückungsplatten an

Die Faun Zugmaschine mit dem zwölfachsigen Goldhofer Trailer

Die Faun Zugmaschine im Vergleich zum DAF 95 XF. Unten: Der Transport manövriert sich durch eine Innenstadt

Der Transport hält auf den Überbrückungsplatten an

Die Lenkerkabine auf der 20-achsigen Nicolas Kombination. Unten: Die Schubmaschine Faun J71 WRE

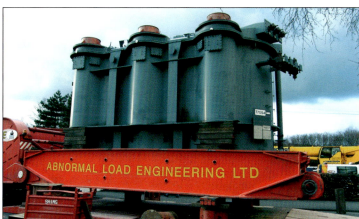

Hier wird der Transformator angehoben und auf den Goldhofer Trailer
verladen. Die Auflagen der Kesselbrücke sind bereits abmontiert und
abtransportiert worden

Fotos dieser Seite: A. Mytton

Die abmontierten Auflagen sind verladen. Unten: Der Trafo ist jetzt bereit, an seinen Zielort gebracht zu werden

Nicolas Tractomas 10x10 D100

Die größte Zugmaschine der Welt

von Dennis Child
(übersetzt von Michael Müller)

Im Jahrbuch 2007 hatten wir über „Die Entstehung eines Monsters" berichtet. Es handelte sich um die Pacific Zugmaschinen P12W3, die von Mitte der siebziger bis weit in neunziger Jahre hinein für die S.A.R. (South African Railways) unterwegs waren. 1993 schloss die S.A.R. ihre Pforten und die Eskom Holding Ltd. mit ihrem Transportbereich Rotran übernahm die gesamte Fahrzeugflotte, darunter auch die Pacifics. Da die S.A.R damals bereits vorhatte, den gesamten Fuhrpark zu verkaufen, hatte sie nicht mehr in die Instandhaltung der Fahrzeuge investiert. Die Pacifics hatten schon mehr als eine Million Meilen hinter sich gebracht, was nun allmählich sichtbar wurde. Eine nicht unbeträchtliche Anzahl von Defekten trat zwischen 1993 und 1999 auf, und Ersatzteile waren nur unter äußerst schwierigen Umständen zu bekommen. So kam es, dass ein Fahrzeug, was aus dem Verkehr gezogen worden, letztendlich Ersatzteile für die noch im Einsatz befindlichen Zugmaschinen lieferte. Zwei Jahre später wurden zwei weitere Fahrzeuge stillgelegt und für andere ausgeschlachtet.

1999 trat Rotran mit dem Antrag an Eskom heran, Mittel für die Anschaffung neuer Fahrzeuge zur Verfügung zu stellen. Als Vorschlag für ein neues Fahrzeug wurde der MAN 48.700 8X8 empfohlen, der dem ähnlich war, der bereits bei Frasers in ver-

900 PS und 72 Tonnen Eigengewicht inklusive Treibstoff: Tractomas D100, die größte Zugmaschine der Welt

schiedenen Einsätzen Verwendung fand. Daraufhin wurde Rotran beauftragt, die verschiedenen Möglichkeiten zu prüfen und Alternativen aufzuzeigen, um den Verfall der Fahrzeugflotte zu stoppen. Dann begann das, was der Beauftragte als weit gestreute Recherche bezeichnete – ausschließlich über das Internet – Firmen herauszufiltern wie NAW, Faun, PT&T, Paccar (Kenworth) MAN, Oshkosh, Terberg, MOL, MB, Scammell, Hendrickson, Unipower, Foden, Scania, Volvo, Titan, Tatra, OAF, Haulmax, Mack oder Hayes, um nur einige zu nennen, die fehlende Ersatzteile liefern könnten. Erschwerend kam hinzu, dass einige der genannten Firmen nicht mehr existieren. Die Nachforschung erstreckte sich sogar auf Firmen wie Bell, Caterpillar, Haulpak, Euclid und Komatsu. Als spezialisierte Hersteller kamen lediglich MOL, Haulmax und Nicolas in Frage.

Haulmax ist noch ziemlich neu in dem Geschäft und kam auf Grund dessen dann doch nicht in Betracht. Die anderen beiden sind renommierte Hersteller mit jahrelangen Erfahrungen im kleineren Marktsegment. Bedingung bei der Auftragsvergabe war, dass die ausgewählte Herstellerfirma ein Fahrzeug mit mindestens 700 PS produzieren sollte, das im Einsatz dem Modell ähnlich war, was bei Rotran schon in Gebrauch stand. MOL hatte für die Sonelgaz Transport Company in Algerien schon einige Fahrzeuge mit 8X8 Aufbau und Bauteilen hergestellt, die unseren Vorstellungen nahe kamen. Nicolas hatte für die GPEC Gujarat Power Gen Energy Cooperation in China zwei Fahrzeuge hergestellt, die alle Bauteile aufwiesen, die von Rotran gefordert wurden.

Die Konstruktion des „Neuen Ungetüms"

Das geplante Objekt sollte in der Lage sein, große elektrische Wandler (Transformatoren) mit einem Eigengewicht von bis zu 450 to problemlos transportieren zu können. Alle Rotrans Zugmaschinen waren in ihrer Leistung beschränkt auf den Nicolas 213, Ultra Nicolas 350 und Supra Cometto 450 to. So wurde beschlossen, die Anzahl der Zugmaschinen zu reduzieren und zwar die größten Lastzüge von fünf 800 PS-starken 6x4 auf vier 900 PS-starke 10x10 Maschinen. Bei einer Höchstbelastung von 1.000 t G.C.M. müssten mindestens 20 Prozent der Masse auf die Treibachse verteilt sein. Der Vorteil beim Allradantrieb ist ja, dass die Last gleichmäßig auf die Achsen verteilt ist. Bei Gefälle jenseits der Hauptstrecken spielt die Zugkraft eine entscheidende Rolle.

Der Tractomas entsteht bei Nicolas in Frankreich

Das Fahrerhaus wird von Renault zugeliefert

Die Ausschreibung

Der Autor legte den Entwurf der Zugmaschine dem Präsidenten von SA Abnormal Conveyance Policy TRH 11 vor. Nach acht Wochen ungeduldigen Wartens wurde schließlich der Zuschlag erteilt. Und nachdem die Erlaubnis zum Bau der Zugmaschinen vorlag, wurden unter anderem folgende Grundsätzlichkeiten herausgearbeitet:

■ ESWM (Equivalent Single Wheel Mass) darf 5 000 kg nicht überschreiten
■ Der Antriebsmotor soll 900 PS/671 kW mit elektronischer Einspritzung haben
■ Schub/Zug-Gruppenschaltung mit einem Zuggesamtgewicht von 1.000 t
■ Höchstgeschwindigkeit beladen 30 km/h

- Höchstgeschwindigkeit unbeladen 45-50 km/h
- 20 Prozent des Gesamtzuggewichts müssen auf den Antriebsachsen liegen
- 10X10 Allradantrieb
- Die Bremskraft sollte ausreichend sein, um den Zug bei 20 Prozent Gefälle zum Stehen zu bringen
- Getriebe/Drehmomentwandler/Retarder (Bremse) waren mit dem elektronischen und automatischen Lastschaltgetriebe Dana Spicer Clark vorgeschrieben
- Das Kühlsystem musste ausreichend sein für Bewegungen in gebirgigem Gebiet mit einem Höhenunterschied von NN. bis zu 1,829 m und Temperaturschwankungen von -4°C bis zu 55°C
- Maximaler Lenkeinschlag der Frontachse 35°
- Mindestleistung/Massenverhältnis von 2,75 kW/ 1000 kg mussten erzielt werden
- Die Getriebeübersetzung wurde unter unterschiedlich hoher Belastung getestet

Das Unternehmensprofil

Nicolas Industries Frankreich besteht seit mehr als 160 Jahren. Das Unternehmen ist bekannt als Spezialist für den Bau von Aufliegern, gefertigt werden aber auch Zugmaschinen in geringer Anzahl und hauptsächlich in Handarbeit. Während der letzten 30 Jahre hat Nicolas die Tractomas Zugmaschinen mehr als 130 Mal produziert für Kunden in England, Frankreich, Spanien, UAE Indien China (dort sind die meisten) Finnland und Südafrika.

Der Aufbau des Tractomas

Vergleicht man die Technik der neuen Generation von Zugmaschinen mit der der älteren Pacific Modelle, so muss man unbedingt berücksichtigen, dass der eine aus dem Jahr 1976 und der andere von 2005 stammt. Die Pacifics waren zugegebener Maßen relativ grob konstruiert. Das aber war vor dem Hintergrund der Gegebenheiten von Vancouver Island verständlich. Das Gelände musste berücksichtigt werden, wobei die Maschinen mit minimalem Wartungsaufwand, häufig sogar überladen, möglichst lange im Einsatz sein konnten. Wir haben diese Maschinen fast 30 Jahre lang stark beansprucht, immer mit der Gefahr vor Augen, im eventuellen Notfall keine entsprechenden Ersatzteile zur Verfügung zu haben.

Der Tractomas verfügt über eine vollhydraulische Federung der hinteren Achsen, alle Achsen sind einzeln mit dem Rahmen verbunden, während der Pacific komplett blattgefedert war. Der Tractomas hat ein „technisches Abteil", welches sich zwischen der Kabine und dem Montageträger für das Reserverad befindet. Hier sollen die Hilfsmittel, wie der Behälter für die Hydraulikflüssigkeit, der Druckluftspeicher, der Wärmetauscher und so weiter zentral liegen, um das Kühlen des Antriebssystems (Getriebe/Drehmomentwandler/Retarder) zu erleichtern. Beim Pacific war das aus Gründen der Platzersparnis nach außen verlegt worden. Einer der größten Unterschiede zwischen dem alten und dem neuen Modell ist der Platz

28 Liter Aggregat V12 Caterpillar 3412 E

Teilansicht des Wärmetauschers im Bau

Fast fertig verlässt
ein Tractomas die
Herstellungshallen
von Nicolas

29. November 2005:
Im Hafen von
Le Havre wartet ein
Tractomas auf seine
Verschiffung nach
Johannesburg

Auf den Straßen von Südafrika: Traktomas in ihrem Element

in dem Neuen. Wenn man den Antrieb einmal genau anschaut, stellt man fest, wie gut sich die einzelnen Bausteine in die riesige Gesamtstruktur einfügen. Die gleichmäßige Kraftverteilung zwischen dem Wandlergetriebe und dem Getriebe erreicht 80 kg. Dasselbe betrifft die Lastverteilung auf die Vorder- und Hinterachsen. Das Getriebe ist dem alten Modell von 1976 sehr ähnlich, mit den Einschränkungen im Aufbau, die die Ingenieure von Clark Mitte der 1970er Jahre auferlegt hatten. Immerhin muss man konstatieren, dass es in den Höhen Südafrikas im Bereich des Schwertransports nur einen gibt, der dem Antrieb hier den richtigen „Punch" gibt, und das ist Clark. Zahlreiche andere wurden ausprobiert, was mit eklatanten Fehlschlägen endete. Die Technik der Antriebsleistung erlaubt das gleichzeitige Gleiten im Verteilergetriebe. S.A.R. und Rotran stehen seit mehr als 30 Jahren zu Clark und vertrauen deren Technik.

Der fundamentale Unterschied aber besteht in der Elektronik, die aus gutem Grund installiert wurde. Der Pacific hat nur eine manuelle Kupplung/Handschaltung in einem gepressten gelochten Leitblech für einfache Übertragung. Die neue Knüppelschaltung bedient sich der einfachen Logik LH Rückseite und RH vorwärts. Das Wechseln der Gänge kann sowohl automatisch als auch manuell geschehen. Das Getriebe besteht aus einem sperrigen Ausrüstungsstück, das 2,5 t wiegt, der Wandler schlägt mit 860 kg zu Buche.

Die 85 Gallonen (382,5 Liter) Schmierflüssigkeit werden durch einen geschlossenen Regelkreislauf auf die einzelnen Bauteile umgewälzt.

Die Anordnung der Triebachse hat sich völlig verändert. Die Pacific ist 6X4, der Tractomas 10X10 angeordnet, mit der Möglichkeit, die Steuerungsachse auszulösen in verschlossener Ausrichtung.

Beide Antriebssysteme sind riesige 28 Liter V12 Maschinen, die normalerweise nur in Lokomotiven eingesetzt sind. Eine weitere der zahlreichen Neuheiten ist die elektronische Kraftstoffeinspritzung und die rauchlose Regelung. Man startet die Maschine, sieht sanften Rauch im Leerlauf verschwinden, und schon ist der Schornstein klar.

Das Kühlsystem verfügt über 179 l Frostschutzmittel. Der einzige kleine Unterschied der beiden Maschinen besteht darin, dass der Pacific mit einem 1524 mm Durchmesser Gebläse arbeitet, das direkt mit dem Motor verbunden ist. Der Tractomas arbeitet mit zwei hydraulisch betriebenen Kühl-Gebläsen mit jeweils circa 800 mm Durchmesser. Sie lagern einer über dem anderen im Motorraum.

Die Konstruktionen von Nicolos zeichnen sich durch Detailperfektion aus. Jedes Ding ist an seinem Ort, bestens ausgetüftelt un positioniert. Wirklich gar nichts würde eine Beschwerde von Seiten der Mechaniker begründen, da jedes Teil passgenau an seinem Bestimmungsort ausgelegt ist.

Zur Kühlung steht dem Tractomas ein zwei Meter hoher Wärmeaustauscher zur Verfügung

Die Männer machen die Ausmaße des Tractomas deutlich: 12,6 m lang, 4,515 m hoch und 3,6 m breit

Einer der grundlegenden Schlüsselfaktoren beim Aufbau ist der Ballast, der 1 000 t GCM erreichen kann. Die Nicolas Ingenieure konstruierten einen Block mit den Maßen 0,25 x 5,00 x 3,00 m, der 27 t wiegt. Dieser Block ist über eine Containerverbindung sicher auf dem Chassis angebracht.

Die Abbremsung ist eine Kombination aus pneumatischer und hydraulischer Bremse, mit Kessler hat man Achsen, die von Hydraulik gebremst werden. Wabco war die erste Wahl für die Bremstechnik.

Ein Problem beim Tractomas waren die Sichtverhältnisse vom Fahrersitz aus. Auf etwa 5,5 m hat der Fahrzeugführer überhaupt keine Sicht. Um das Ankoppeln der Züge zu vereinfachen, wurde auf der Beifahrerseite unter der Sonnenblende ein kleiner Spiegel angebracht. So kann der Fahrzeugführer gut sehen, was beim Rangiervorgang unter ihm geschieht.

Die Deichsel-Ausleger wurden von den Pacifics übernommen, weil das die einzige Möglichkeit ist, den Deichselaufbau bei mehreren Einheiten zu kontrollieren. Der Aufbau wurde notwendig, weil man die Führung der Züge überwachen musste, damit sie in der Spur blieben. Unstimmigkeiten werden beim Entkoppeln der Züge entstehen, besonders wenn sie sehr lang sind, aber ich bin mir eigentlich sicher, dass

die Fahrer genügend Erfahrung haben, speziell wenn sie alle 200 km den Tank auffüllen müssen. Alle elektrischen, pneumatischen Anschlüsse und Verbindungen sind unter den Deichselauslegern angeordnet zwecks einfachen Zugriffs.

Die vorn und hinten angebrachten Schilder beim Tractomas sind unterschiedlich. „Abnormal" spiegelt sich Englisch und „Abnormaal" in Afrikaans.

Motor

Als sich die Ingenieure von Nicolas für einen Antrieb bei den neuen Zugmaschinen entscheiden mussten, fiel die Wahl zunächst auf den Caterpillar CAT 3412 E Ditta, 671 kW/900 PS, V12, 28 Liter, der ansonsten im CAT D11R Bulldozer verwendet wird. Bei dieser Motorengröße war die Ausstattung des Kühlsystems sehr wichtig. Nicolas setzte einen zwei Meter hohen Wärmeaustauscher ein, der von hydraulischen Motoren angetrieben wird, um die erwünschte Wirkung zu erzielen.

Achsen

Die Achsen sollten von der in Deutschland in Aalen ansässigen Firma Kessler & Co. geliefert werden. Ich habe die Hochtechnologie der Firma besichtigt und war total erstaunt über die Technik und die Ausstattung, die sich hinter der Aufmachung verbirgt.

Getriebe/Drehmomentwandler/Verzögerer

Der Antrieb war eine besondere Herausforderung, da Dana Spicer Clark seit dem letzten Auftrag von Nicolas im Jahr 1998 keine Getriebe/Drehmomentwandler/Retarder produziert hatte. Als der Auftrag im Oktober 2004 bei Dana Spicer in Brugge eintraf, war der Retarder keine Option, da diese Bauteile nicht mehr hergestellt wurden. Nach schier endlosen Diskussionen mit Dana Spicer erklärte man sich schließlich doch einverstanden, die Retarder als Teil des Auftrags zu erwerben. Im Dezember 2004 schloss die Firma Dana Spicer Statesville, so dass die riesigen Getriebebauteile in das etwa drei Kilometer entfernte technische Zentrum verlegt wurden. Damit waren wir stark unter Druck gesetzt, da verspätete Lieferungen zu erheblichen Verzögerungen führte, wogegen wir nichts unternehmen konnten.

Weitere Daten

Vorne Doppelsteuerung mit Blattfedern, hinten dreiachsige Hydraulik.

Ballast wurde ausgelegt, um eine Stahlbramme von 0,25 x 5,00 x 3,00 m (Höhe x Länge x Breite) an 27 t anzupassen.

Das Eigengewicht der Zugmaschine mit Kraftstoff beträgt 72 t. Die Abmessungen: 12,6 x 4,515 x 3,6 m (Länge x Höhe x Breite).

Der Auftrag an Nicolas kam im Oktober 2004. Die Konstruktion startete etwa im Mai 2005 in den Nicolas Werken in Champs-sur-Yonne und dauerte bis zur Fertigstellung etwa fünf Monate. Der Autor war als Projekttechniker bestellt und reiste während dieser Zeit vier Mal nach Frankreich, um die Montage zu überwachen und letztlich alle gewünschten Tests durchzuführen, die vor der endgültigen Verschiffung den Abschluss bilden mussten. Die Professionalität der Nicolas Techniker beim Bau des Tractomas wurde ersichtlich, als der erste Probelauf nur mit einer Ölverschmutzung endete. Das war beeindruckend, weil die Maschine unzählige hydraulische Anschlussstücke über das gesamte Chassis verteilt hat.

Die Auslieferung der Zugmaschinen nach Le Havre geschah per Straßentransport. Dann wurden sie am 29. November 2005 auf ein Safmarine Verkehrsschiff verladen. In Johannesburg werden die Tractomas ins Depot gebracht: zur Endmontage des Retarders, zur Anmeldung und zur Firmenprägung.

Am 14 Januar 2006 brechen sie mit einem 2x14 Cometto (450 t) Auflieger zu einer fünftägigen Tour über 600 km auf nach Richards Bay, wo sie einen 410 t schweren Siemens Transformator abholen. Beladen wird der Zug bei 142 m Länge 960 t G.C.M. aufweisen. Die tägliche Fahrzeit beschränkt sich auf 12 Stunden, und das fünf Tage pro Woche. Der Transport bis zum Heizkraftwerk überwindet innerhalb von acht Tagen 1650 Höhenmeter.

An Nicolas erging ein weiterer Auftrag über drei Tractomas D75 8x8 Zugmaschinen mit der gleichen Ausstattung wie die 10x10 Zugmaschinen. Als Antriebsaggregat wurde der CAT 3412 E DITTA mit 750 PS/559 kW eingebaut.

Transport und Einheben von zwei Gasphasenreaktoren

von Konstantin Hellstern

Im November 2006 transportierte Felbermayr aus Österreich zwei Gasphasenreaktoren von Linz (Österreich) nach Burghausen (Deutschland). Etwas mehr als die Hälfte der Strecke wurde mit einem Schiff zurückgelegt. Im Hafen von Passau wurden die Reaktoren mit Hilfe eines LR 1750 auf die bereit stehenden Transportfahrzeuge verladen.

Reaktor 1, 193 Tonnen schwer, 32,3 Meter lang und mit einem Durchmesser von 7,10 Meter, wurde mit dem breiten Ende auf eine 12-achsige und 1,5-fach gekoppelte Goldhofer-Moduleinheit abgelegt, während das schmale Ende auf einer 12-achsigen Goldhofer-Moduleinheit positioniert wurde. Für die bessere Kurvengängigkeit sind beide Moduleinheiten mit Drehschemel ausgestattet. Als Zugmaschine kam vorne die ÖAF 48.792 VFAS 8x8/4 und hinten die bewährte MB NG 3553 S 8x6/4 zum Einsatz.

Reaktor 2, 160 Tonnen schwer, 25,5 Meter lang und „nur" 6,10 Meter im Durchmesser wurde auf eine 16-achsige Goldhofer-Moduleinheit mit Zwischenbett verladen. Als vordere Zugmaschine diente die Steyr 50.604 8x8/4, hinten kam die neue MB Actros SLT 4160 8x4/4 zum Einsatz. Für die Fahrt von Passau nach Burghausen wurden zwei Tage veranschlagt. Am zweiten Tag wartet, nach dem Passieren einer Ortsdurchfahrt, eine 13 Prozent steile Steigung. Während der erste Transport die Steigung in Angriff nahm, wartete der zweite Transport am Beginn der Steigung. Diese Maßnahme erwies sich als richtig, denn wegen eines Regenschauers war die Straße nass. Dies führte unweigerlich zu Traktionsproblemen.

Nach etwa 250 Meter blieb der Transport stehen und es wurde die Schubmaschine des zweiten Transportes als zweite Zugmaschine vorne angekuppelt. Mit Hilfe der MB SLT 4160 kam der Transport wieder in Bewegung. Der zweite Transport erklomm dann ebenfalls mit drei Zugmaschinen den Berg. Die

MB NG 3553 S 8x6/4, 530 PS, 8-Zylinder V-Motor mit 14,61 Liter Hubraum. Drehmoment: 2300 Nm bei 1100/min

Anfahren an der 13 Prozent steilen Steigung mit MB SLT 4160 8x4/4, ÖAF 48.792 VFAS 8x8/4. Als Schubmaschine kommt die MB NG 3553 S 8x6/4 zum Einsatz

MB SLT 4160 8x4/4, 600 PS aus einem 8-Zylinder V-Motor mit 16 Liter Hubraum

Der zweite Reaktor wird bereits im Tal mit drei Zugmaschinen losgeschickt. Vorne mit MB NG 3553 S 8x6/4 und Steyr 50.604 8x8/4, hinten schiebt der MB SLT 4160 8x4/4

Hier kann man gut die Breite der 1,5-fach gekoppelten Goldhofer-Module sehen. Die Straße wird in voller Breite genutzt

Einheben des ersten, 193 Tonnen schweren Gasphasenreaktors mit dem LR 1750. Der Reaktor kommt auf das Betongerüst, links neben dem Raupenkran. Das Einbringen in das 14 Meter hohe Betongerüst ist Millimeterarbeit

beiden Transporte rollten weiter über gut ausgebaute Staatsstraßen in Bayern. Nach der Ankunft am späten Abend wurden beide Transporte vor der Baustelle abgestellt.

Am nächsten Morgen wurde der erste Transport vorgezogen und der Gasphasenreaktor mit Hilfe der bereitstehenden Raupenkrane LR 1750 und LR 1280 entladen und zum Aufrichten vorbereitet. Der Hub des ersten Reaktor wurde dann am Donnerstag morgen, bei aufziehendem Nebel, in Angriff genommen. Anschließend konnte der zweite Reaktor in die Baustelle einfahren. Wie beim ersten Reaktor mus-

sten vor dem Einheben die Transportadapter entfernt werden. Das Abladen geschah bereits bei Dunkelheit. Das Aufrichten des zweiten Reaktors war ebenso problemlos wie die des ersten. Der LR 1280 führte als Nachführkran den Reaktor an den Hauptkran LR 1750 heran. Nachdem der LR 1750 die Last übernommen hatte, verfuhr er entlang des Betongerüstes, um den zweiten Gasphasenreaktor dort zu platzieren. Die Transport- und Kranarbeiten der beiden Gasphasenreaktoren waren somit, zur Zufriedenheit des Kunden, abgeschlossen.

Beim Team der Firma Felbermayr bedanke ich mich herzlich für die Unterstützung

Der zweite Transport im Abendlicht vor der Einfahrt in die Baustelle

Vorbereiten des zweiten, 160 Tonnen schweren Reaktors. Vor dem Einheben müssen die Transportadapter entfernt werden

Oben links: Nachführkran LR 1280 beim Verfahren mit dem zweiten Gasphasenreaktor
Oben rechts: Direkt neben dem am Vortag eingesetzten Reaktor wird der zweite platziert
Unten links: Hier das Ganze noch einmal in der Totalen
Unten rechts: Für Nachschub ist gesorgt, der nächste Reaktor wird bereits angeliefert, allerdings einige Nummern kleiner

Gottwald Kran in Schieflage

von Wolfgang Weinbach

Im Verlauf aufwändiger Gleisarbeiten auf der Bahnstrecke Köln-Bonn galt es, diverse Weichen komplett zu tauschen. Während einer nächtlichen Streckensperrung (Freitag auf Samstag), sollte eine knapp 20 Tonnen schwere Weiche mit Hilfe eines Gottwald-Schienenkrans vom Typ GS 40.08 T (Gottwald Schienenkran 40 t x 8 m Teleskop) über annähernd einen Kilometer zur Einbaustelle transportiert und dort montiert werden. Die Weiche wurde hierzu vom Kran an einer Traverse vor Puffer hängend verfahren. Auf der zweigleisigen Strecke befand sich allerdings ein Signalmast zwischen beiden Gleisen, der aufgrund der Breite der transportierten Weiche ein kleines Hindernis darstellte.

D er Bahnhof Brühl bei Köln geriet im Jahr 2000 auf recht traurige Art und Weise für einige Tage in die Schlagzeilen der deutschen Berichterstattung. Damals war direkt im Bahnhofsbereich ein Personenzug bei hohem Tempo entgleist. Neun Tote und weit über einhundert Verletzte waren zu beklagen.

Knapp drei Jahre nach diesem Eisenbahnunglück kam es nur wenige hundert Meter entfernt wiederum zu einem Eisenbahnunfall, der jedoch glücklicherweise weniger folgenreich war.

Den vom rechten Weg abgekommenen Gottwald GS 40.08 T samt Traverse und Weiche verschlug es in Nachbars Garten

Der Kranführer schwenkte die Weiche deshalb mittels entsprechender Oberwagendrehung geringfügig aus der Fahrtrichtungsmitte. Dies hatte jedoch fatale Folgen, denn die Bahntrasse hat an dieser Stelle eine leichte Kurvenüberhöhung von 130 mm, die augenscheinlich unterschätzt wurde. Da die Last in Richtung des tiefer liegenden Gleisstrangs geschwenkt wurde, bekam der Gleisbaukran Übergewicht zur Hangseite hin und fiel zeitlupenartig die Böschung herab, geradewegs in einen Garten. Hierbei fällte er neben einigen kleineren Bäumen auch einen Oberleitungsmast, einen Gartenzaun und beschädigte ein Gartenhäuschen. Einzig der Signalmast, Auslöser allen Übels, blieb unbeschadet stehen. Man muss anmerken, dass der Niveauausgleich des Krans, der bis zu 160 mm Überhöhung wirksam ist – bei entsprechender Aktivierung – das Wegkippen wohl verhindert hätte.

Die eigentlich nur kurzzeitig eingeplante Streckensperrung musste jedenfalls auf mehrere Tage ausgedehnt werden. Einzig positiv zu vermerken war, dass es, außer einem gehörigen Schrecken für den Kranführer, zu keinerlei Verletzten kam. Durch den Notfallmanager der Deutschen Bahn AG wurde aufgrund der steilen Böschung an der Unfallstelle die Bergung mittels bahneigener Großkrane ausgeschlossen. Ein gegenüber der „Kran-Ablagestelle" vorhandener Großparkplatz schien geeignet, um von dort mit einem Autokran die Bergung durchzuführen. Für diese Kranarbeit konnte noch am frühen Samstagmorgen die Firma Baumann aus dem nahen Bonn gewonnen werden. Diese rückte dann auch gleich mit ihrem stärksten Kran, einem Liebherr LTM 1500, an. Der Kran musste allerdings erst einmal auf ausreichend kurze Entfernung an den Bahndamm herangebracht werden. Hierzu führte das ortsansässige Technische Hilfswerk (THW) einige Baumfäll- und Planierarbeiten durch. Es dauerte fast den kompletten Samstag, um die Arbeiten abzuschließen.

Um den knapp 110 t schweren Schienenkran wieder auf seine eigenen Radsätze stellen zu können, wurde der aufgebaute LTM 1500 auf 42 m Auslegerlänge austeleskopiert. Bei einer erforderlichen Ausladung von knapp 12 Metern kamen 165 t Ballast und die am Kran angebrachte Auslegerabspannung zum Einsatz. Der 500-Tonner benötigte für diese Bergung allerdings noch weitere kräftige oder besser gesagt schwere Helfer.

Interessante Ansicht eines Schienenkran-Fahrgestells

Das Bergungsgut wurde am Grundausleger angeschlagen, um es wieder in Position zu bringen. Unten: An einem diesigen Sonntagmorgen machte sich der LTM 1500 lang, um den knapp 110 t schweren Eisenbahnkran aufzurichten

Beim Anheben des verunfallten Gottwald-Krans befürchtete man ein Durchschwenken beziehungsweise Abrutschen von der Böschung. Es galt also, den Aufrichtevorgang zu stabilisieren. Hierfür wurden entsprechende „Zugkräfte" benötigt. An dem Schienenkranfahrgestell wurden jeweils vorne und hinten ausreichend dicke Stahltrossen befestigt, diese quer über den Gleiskörper geführt und an zwei weiteren Baumann-Autokranen heckseitig befestigt.

Zum Einsatz kamen ein LTM 1060/2 (ca. 48 t schwer) und ein LTM 1100/2 (ca. 60 t schwer), welche beidseitig vom eigentlichen Bergungskran kräftig gegenhielten. Mittels einiger Handkettenzüge wurden dann die beiden Drehgestelle des nunmehr frei schwebenden GS 40.08 T ausgerichtet, um den vom rechten Weg abgekommenen Schienenkran wieder aufzuspuren. Gegen 11.00 Uhr am Sonntagmorgen stand der Gleisbaukran dann wieder auf eigenen Rädern.

Erwähnenswert ist, dass der gesamte Baumann-Einsatz vom Firmenchef selbst, Herrn Rudolf Baumann, vor Ort geleitet wurde.

Firmenchef Rudolf Baumann beobachtet den komplizierten Aufrichtvorgang mit Interesse. Das Aufspuren nimmt doch einige Zeit in Anspruch. Der Kranoberwagen wurde zusätzlich fixiert. Deutlich sind die beiden Stahltrossen an den Fahrgestellenden zu sehen, mit deren Hilfe der Aufrichtvorgang durch die beiden LTM 1060/2 und LTM 1100/2 abgesichert wurde

Herr Baumann überwacht das fast vollendete Hubmanöver
Der bereits aufgerichtete Gottwald Kran mit dem am rechten Bildrand zu erkennenden Hindernis, einem Signalmast

Der voll aufgerüstete LTM 1500 hat die Last sicher am Haken. Unten: Der vom THW eingeebnete Standplatz des 500-Tonners. Beiderseits des Krans wurden die beiden „Sicherungskrane" (hier der LTM 1100/2) positioniert

Der LTM 1500 mit seinem imposanten Ballast. Die beiden Stahltrossen der „Sicherungskrane" sind stramm gezogen

Der Kranführer des sichernden LTM 1100/2 braucht heute sein Gerät entgegen sonstiger Gewohnheit nicht aufzurüsten

Bei diesigem Wetter ist der Job fast abgeschlossen

Der Lasthaken wird zum Ausscheren abgelassen

Der kleinere der beiden Sicherungskrane kann abrücken

Das gewaltige Auslegerpaket des Baumann-Flaggschiffs wird abgelegt

Die Begleitfahrzeugflotte für Windenteil, Ballast und sonstiges Zubehör ist mitsamt BF3-Fahrzeug sauber geparkt

Kenworth Spezialfahrzeuge

Der relativ kleine Lastwagen Gersix Modell G von 1917 mit Continental-Sechszylinder Benzinmotor. Der Gersix wurde von der Gerlinger Motor Company gebaut, die den Ursprung der späteren Firma Kenworth bildete

von Georg Loehr

Kenworth Haubensattelzugmaschine von 1940 mit Cummins Sechszylinder Dieselmotor mit etwa 150 PS. Kenworth war der erste Hersteller der USA, der bereits um 1933 serienmäßig Dieselmotoren in seine Fahrzeuge einbaute.

Foto: Amercian Historical Truck Society

Die Geschichte von Kenworth beginnt mit der Gründung der Firma Gerlinger Motorcar Company durch die Brüder Gerlinger im Jahr 1912 in Portland im US-Bundesstaat Oregon. Gerlinger war anfangs eine Reparaturwerkstatt für Fahrzeuge aller Art. 1915 stellte Gerlinger seinen ersten selbst entwickelten Lkw vor, den er Gersix nannte, wobei „Ger" für Gerlinger und „Six" für sechs Zylinder stand. Ein Jahr später kam Gerlinger in finanzielle Schwierigkeiten und E. K. Worthington erwarb die Firma gemeinsam mit Captain H. W. Kent. Das Angebot an Lkw-Baureihen wurde erweitert und umfasste mehrere unterschiedliche Nutzlastgrößen. 1923 siedelte das Unternehmen nach Seattle im US-Bundesstaat Washington um, wo sich noch heute der Firmensitz befindet.

Dies war der eigentliche Beginn von Kenworth, wobei der neue Firmenname aus den Anfängen der Namen der beiden Inhaber entstand. In einem neuen Fabrikgebäude in Seattle wurden anfangs drei Lkw-Baureihen gefertigt: Mit einer Tonne, zwei Tonnen und vier Tonnen Nutzlast. Im ersten Jahr wurden insgesamt 78 Fahrzeuge hergestellt, die von Buda Vierzylinder Benzinmotoren angetrieben wurden. 1927 wurde der erste Lkw mit 78 PS Sechszylinder Benzinmotor und 7-Gang Getriebe gebaut.

1929 gründete Kenworth ein Zweigwerk in Vancouver-British Columbia (Kanada) und begann dort mit der Produktion von Lkw für den kanadischen Markt, wobei die Versionen etwas von den amerikanischen abwichen.

1932 war Kenworth der erste amerikanische Lkw-Hersteller, der Dieselmotoren in seinen Fahrzeugen anbot. Der erste Kenworth mit Dieselmotor war mit einem Cummins HA 4 Vierzylinder ausgestattet.

Kenworth CJ 925 Dreiachskipper von 1957 mit Cummins Sechszylinder Dieselmotor der Baureihe NH 220 mit 220 PS. Zur Kraftübertragung dient ein Fünfgang Grundgetriebe mit vierfacher Unter- beziehungsweise Übersetzung, das heißt mit insgesamt 20 Gangabstufungen

Kenworth 853 Ölfeldsattelzugmaschine mit Allradantrieb aus dem Jahr 1954 auf einem afrikanischen Ölfeld. Der 853 ist ein direkter Nachfahre der ersten grossen Kenworth 888 mit kettengetriebenen Tandemhinterachsen. Er hatte Kardanantrieb auf alle drei Achsen. Für den Vortrieb sorgte ein riesiger Hall-Scott HS 400 Reihensechszylinder Benzinmotor mit 295 PS aus 17440 ccm Hubraum bei 2200 Umdrehungen pro Minute. Dieser Motor hat für je drei Zylindereinheiten einen Doppelvergaser in der Grösse eines kleineren Eimers. Die breite Front des 853, der bis zu 60 Tonnen schwere Tieflader ziehen kann, ist für den großen Kühler erforderlich

Kenworth 848 von etwa 1959, mit Detroit 12 V 71 Zweitaktdieselmotor mit rund 400 PS und Allison Lastschaltgetriebe als Kraftübertragung. Die Baureihe 848 war schon von Ihren Abmessungen und Gewichten als Schwerfahrzeug für den Betrieb abseits öffentlicher Strassen konzipiert. Das Gesamtgewicht der hier im kanadischen Forsteinsatz gezeigten Tiefladersattelzugeinheit lag bei über 100 Tonnen. Die Clark Aussenplanetenantriebsachsen mit dreifacher Untersetzung ermöglichten dem 848 mit maximalem Gesamtgewicht Steigungen von gut 20 Prozent zu überwinden

Kenworth S 921 von 1965 in Australien. Die Baureihe S 900 (S 921-S 923) wurde von Kenworth speziell für den australischen Markt Ende der fünfziger Jahre entwickelt. Die Baureihe S 900 war die erste mit kurzer Haube. Nur ein kleiner Teil des Motors war unter der kurzen Haube, der größere Teil des Motors lag Unterflur unter der Fahrerkabine. Aus diesem Grund konnten nur niedrig bauende Motoren verwendet werden. In der Baureihe S 900 wurden ausschliesslich GM-Detroit Diesel Zweitakter der Bauserien 6 V 71 und 8 V 71 und Spicer 12-Ganggetriebe verwendet. Später wurden einige S 900 mit leistungsstärkeren GM Detroit Dieseln der V 92 Serie nachgerüstet

Kenworth W 925 von 1960, Dreiachssattelzugmaschine mit dem in Nordamerika und Kanada oft verwendeten Bodenentleerer Sattelauflieger. Für den Antrieb ist ein Cummins Reihensechszylinder Turbodiesel der NH Baureihe mit 270 PS zuständig . Kraftübertragung durch ein unsynchronisiertes Fuller Fünfanggetriebe mit vierfacher Unter- beziehungsweise Übersetzung, somit sind 20 Gesamtübersetzungen möglich . Das abgebildete Fahrzeug ist heute noch im Einsatz

Kenworth W 924 aus dem Jahr 1972, angetrieben von einem Cummins Reihensechszylinder Dieselmotor mit 10-stufigem Getriebe von Fuller-Eaton. Dieser W 924 hat einen sogenannten Serviceaufbau, ähnlich einer mobilen Werkstatt für Reparaturen an Trucks und schweren Baumaschinen, die vor Ort ausgeführt werden können

Kenworth 850 Haubenvierachser aus dem Jahr 1978, angetrieben von einem Cummins Reihensechszylinder Turbodiesel des Typs KT 1150 mit 450 PS aus 19 Litern Hubraum. Das Allison sechs Stufen Lastschaltgetriebe mit dreistufigem Untersetzungsgetriebe ergibt 18 mögliche Übersetzungen. Die Baureihe 850, die heute nicht mehr hergestellt wird, ist anbetracht ihrer Grösse ausschliesslich für den Einsatz abseits öffentlicher Strassen gedacht. Dieser 850 mit Plateau und darauf arretierter Kippmulde wurde im kanadischen Bundesstaat British Columbia in der Forstwirtschaft eingesetzt. Der 850 verfügt über keinerlei hydraulische Kippvorichtung, sondern wird vielmehr über eine hydraulische Kipprampe oder mit Bagger entladen. Interessant ist auch der nachträglich aufgebaute Überrollschutz

Kenworth W 900 von 1976 als Sattelzugmaschine mit hinter der Kabine aufgebauter Seilwinde. Dieser W 900 hat einen GM Detroit Diesel 8 V 71 N Motor mit 318 PS , die Kraftübertragung ist ein Fuller 13 Gang Getriebe. Solche Sattelzugmaschinen mit Seilwinden werden in Nordamerika und Kanada von Ölbohrunternehmen eingesetzt

Kenworth LW 900 aus dem Jahr 1977 mit 14 Liter Cummins NTC Reihensechszylinder Turbodiesel mit 400 PS. Das Getriebe mit 18 Gängen und zweistufigem nachgeschalteten Untersetzungsgetriebe ergibt 36 mögliche Untersetzungen. Die Baureihe LW 900 ist aus der W 900 Serie abgeleitet und wurde ursprünglich hauptsächlich für die Forstwirtschaft (L-Logging) entwickelt, wird jedoch wie hier mit Ölfeldplattform und Ginpoleauslegern in der Ölindustrie eingesetzt

Cummins gilt als Pionier im Bau von Fahrzeugdieselmotoren, wobei Mr. Cummins seinen ersten Dieselmotor in seinem Pkw erfolgreich testete. Der Cummins HA 4 leistete im Lkw 100 PS. Ende der dreißiger Jahre umfasste das Kenworth Bauprogramm Fahrzeuge von zwei bis zehn Tonnen Nutzlast, wobei neben Zweiachsern auch Dreiachser im Angebot standen.

1945 wurde Kenworth vom heutigen Eigentümer Paccar (Pacific Car and Foundry Comapny) erworben. Paccar wurde um 1900 in Seattle im US-Bundesstaat Washington gegründet und befasste sich von Beginn an mit der Herstellung von Stahlerzeugnissen, baute Eisenbahnplattformwaggons für die Holzindustrie und betrieb unter anderem ein eigenes Stahlwerk in Bellevue in der Nähe von Seattle. Vor der Übernahme von Kenworth baute Paccar bereits eigene Schwerfahrzeuge, unter anderem schwere Lkw und Abschleppfahrzeuge für die US-Army vor und während des Zweiten Weltkriegs.

Die legendärsten Produkte von Paccar waren die 1942 vorgestellte Schwerlastzugmaschine M 26 für Panzertieflader, bei der es sich um eine teilweise ge-

panzerte Dreiachssattelzugmaschine mit Allradantrieb handelte, die von einem 17,4 Liter großen Hall-Scott Sechszylinder Benzinmotor mit 245 PS angetrieben wurde. Viele dieser Zugmaschinen, die während des Zweiten Weltkriegs nach Europa kamen, wurden später mit Dieselmotoren umgerüstet, bekamen zivile Fahrerkabinen und wurden von Schwerlasttransportfirmen eingesetzt.

Das zweite Produkt, das Paccar fast noch bekannter machte, war der berühmte Sherman Panzer Typ 926 M-4, benannt nach dem US General Sherman. Dieser Panzer wurde von 1942 an von Paccar in großer Stückzahl an die alliierten Streitkräfte geliefert.

Nach dem Zweiten Weltkrieg baute Paccar das Programm von Kenworth kontinuierlich aus und vergrösserte dieses in immer höhere Gewichtsklassen bis zu den Baureihen 888 und 853, die zwischen 1945 und 1950 auf den Markt kamen.

1954 wurde mit Peterbuilt ein weiterer bekannter Schwerfahrzeughersteller von Paccar erworben. 1959 übernahm Paccar den kanadischen Schneefräsen- und Schwerfahrzeughersteller Sicard sowie die 1910 im US-Bundesstaat Missouri gegründete Firma Dart. Bereits in den fünfziger Jahren baute Dart ein vielfältiges Programm schwerer zwei- und dreiachsiger Muldenkipper, Muldenkippersattelzüge, Bodenentleerersattelzüge und Ölfeldfahrzeuge. Nach der Übernahme durch Paccar wurde Dart eng mit Paccar verbunden und die Dart Fahrzeuge ergänzten das Angebot von Kenworth im Bereich der schweren Offroad Fahrzeuge. Bis Ende der sechziger Jahre wurden die Dart Muldenkipper als KW-Dart (Kenworth-Dart) verkauft. In Kanada wurden die Kenworth im Werk in Vancouver gebaut, während die Dart Muldenkipper für den kanadischen Markt in der Fabrik von Sicard in Quebec entstanden und mit dem Markenzeichen KW-Dart Sicard angeboten wurden.

In den späten siebziger Jahren wurde die Baureihe Kenworth C 500 für schwerste Einsätze vorgestellt. Ein Beispiel für die Leistungsfähigkeit der C 500 ist der Einsatz beim Thiess-Kideco Kohletagebau in Indonesien. Dort werden dreiachsige allradgetriebene C 500 Haubensattelzugmaschinen mit einem zweiachsigen Bodenentleerersattelauflieger und daran angehängtem vierachsigen Bodenentleereranhänger für den Transport der geförderten Kohle aus dem Tagebau zur Aufbereitungsanlage eingesetzt. Diese Fahrzeugkombinationen, ähnlich einem australischen Roadtrain, erreichen Gesamtgewichte von rund 200 Tonnen bei einer Nutzlast von 165 Tonnen. Die C 500 Sattelzugmaschinen werden von Cummins Sechszylinder Turbodieseln mit 525 PS aus 19 Liter Hubraum angetrieben. 1985 war ein wichtiger Schritt im Bau konventioneller Haubenwagen mit der Einführung des ersten aerodynamisch optimierten Fahrzeugkonzepts, dem Kenworth T 600.

Weitere Lkw-Hersteller, die durch Paccar übernommen wurden, sind 1995 Vilpac in Mexiko, 1996 DAF in den Niederlanden und 1998 Leyland Trucks in Grossbritannien. Durch die Übernahme von DAF und Leyland kann nun Paccar auch eigene Motoren anbieten, die in die neuen kleineren Kenworth Baureihen T 170, T 260, T 270 und T 370 als Paccar P 6 und P 8 mit Leistungen von 220 bis 330 PS, sämtlich Reihensechszylinder, alternativ zu den Caterpillar und Cummins Dieseln eingebaut werden.

Kenworth Lkw werden heute in USA, Kanada, Mexico und Australien gebaut, wobei die Baureihen in den jeweiligen Ländern voneinander abweichen beziehungsweise die Fahrzeuge den spezifischen Anforderungen des jeweiligen Marktes angepasst sind. Interessant ist, dass fast jeder Kenworth ein Unikat ist: Kaum ein Fahrzeug ist völlig identisch mit dem anderen, was Antriebkomponenten und sonstige technische Ausstattung betrifft. Jeder Kenworth wird nach Kundenspezifikationen gebaut.

Kenworth 849 Holztransporter von 1979 mit 435 PS starkem GM Detroit Dieselmotor. Das Allison Lastschaltgetriebe hat sechs Stufen, dahinter befindet sich ein dreistufiges Untersetzungsgetriebe, das insgesamt 18 Untersetzungen ermöglicht. Die beiden Clark Aussenplanetenantriebsachsen arbeiten mit wassergekühlten Trommelbremsen. Der 849 kann Steigungen von über 20 Prozent mit einem Gesamtgewicht von gut 110 Tonnen bewältigen. Der Urahn der Baureihe 849 ist der 888, der zwischen 1945 und 1950 gebaut wurde. Der 888 hatte bereits zwei angetriebene Hinterachsen, verfügte jedoch über Kettenantrieb im Gegensatz zu seinen Nachfolgern 853, 848, 849 und 850, die über Kardanwellen angetrieben werden

Kenworth C 500 Ölfeldfahrzeug aus dem Jahr 1979 mit Cummins NTC Reihensechszylinder Turbodiesel mit 290 PS und 10-Gang Getriebe. Hydraulisch kippbahre Ölfeldplattform und Fassi 145 Ladekran mit acht Tonnen Hublast. Ausserdem ist eine hydraulische Seilwinde mit zehn Tonnen Zugleistung aufgebaut

Kenworth W 900 Ölfeldsattelzugmaschine von 1980, mit Cummins Reihensechszylinder Turbodiesel mit 444 PS, Getriebe Fuller 15 Gänge. Hinter der Kabine ist eine hydraulisch angetriebene Braden 25 Tonnen Seilwinde aufgebaut, um Komponenten von Bohranlagen auf Sattelauflieger ziehen zu können. Der abgebildete W 900 ist eine erheblich verstärkte Version des normalen W 900, der im Strasseneinsatz verwendet wird

Oben: Kenworth 850 aus dem Jahr 1980 als schwerer Off Road Holztransporter, wie er in Kanada in der Forstwirtschaft auf Vancouver Island eingesetzt wird. Bis zu 110 Tonnen Gesamtgewicht bei Steigungen und Gefällen von gut 20 Prozent. Für den Antrieb sorgt ein GM Detroit 12 V 71 TT-Turbodiesel mit 500 PS. Allison 6-Gang Lastschaltgetriebe mit dreistufigem Untersetzungsgetriebe = 15 Gangabstufungen. Dieser 850 dürfte mit zur letzten Generation der Baureihe gehören. Mitte der achtziger Jahre wurde die Fertigung der legendären Baureihen 849 beziehungsweise 850 eingestellt. Nachfolger wurden die schweren speziellen Versionen der 1981 vorgestellten Baureihe C 500

Mitte: Der Kenworth C 500 wurde 1981 im kanadischen Kenworth Werk gebaut. Motorisiert ist er mit einem Cummins N 14 Reihensechszylinder Turbodiesel mit 400 PS. Für die Kraftübertragung ist ein 6-Gang Grundgetriebe mit vierfacher Unter- beziehungsweise Übersetzung zuständig. Aufgebaut ist eine Ölfeldplattform mit hydraulischer Seilwinde und sogenanntem Ginpolekran. Dieser C 500 wird auf Ölfeldern in Alberta (Kanada) eingesetzt

Links: Kenworth LW 924 von 1981 aus kanadischer Produktion, angetrieben von einem Cummins NTC 855 Reihensechszylinder Turbodiesel mit 400 PS, Kraftübertragung Fuller 13-Gang Getriebe mit vierfacher Untersetzung. Aufgebaut ist eine Ölfeldplattform mit hydraulischer Seilwinde und Ginpoleauslegern. Die Baureihe LW 924 wurde 1964 erstmals vorgestellt und als wesentlich verstärkte Ausführung des W 900 ursprünglich für die Holzwirtschaft entwickelt

Der Kenworth K 125 aus dem Jahr 1983 ist eine australische Version des heute nicht mehr gebauten K 100 Frontlenkers. Besonderheiten gegenüber der in USA und Kanada gebauten Ausfürung des K 100 sind Rechtslenkung, Känguruhschutz sowie die auf das Kabinendach verlegte Luftansaugung für den Motor und ein verstärktes Kühlsystem. Die Zugmaschine ist für den australischen Roadtraineinsatz geeignet mit mehr als 100 Tonnen Gesamtgewicht. Motoren von Caterpillar oder Cummins stehen zur Auswahl. Heute baut Kenworth in seinem australischen Werk den letzten Nachfolger der Frontlenkerbaureihe K 100, den K 108, der sich in Australien und Neuseeland guter Nachfrage erfreut, während die Fertigung der Frontlenkerbaureihen in Nordamerika vor wenigen Jahren wegen zu geringer Nachfrage eingestellt wurde

Kenworth 548 Kohlemuldenkipper von 1985 für den Tagebaueinsatz mit Cummins KT 1150 C Reihensechszylinder Turbodiesel, der aus rund 19 Litern Hubraum 450 PS leistet. Allison CLBT 750 Lastschaltgetriebe mit fünf Gangstufen. Nutzlast: 50 sht-45 metrische Tonnen

Unten: Kenworth W 900 von 1985 aus kanadischer Produktion, angetrieben von einem Caterpillar Reihensechszylinder Turbodiesel 3406 mit 425 PS. 15 Gang Fuller Getriebe. Ausgestattet mit den in Kanada viel verwendeten Guss-Speichenrädern

Kenworth T 800 von 1988 aus kanadischer Fertigung, angetrieben von einem Caterpillar 3406 Turbodiesel mit 400 PS. Kraftübertragung durch Fuller 18 Gang Getriebe. Das Fahrzeug ist ein sogenannter Steamtruck, das heisst, in seinem Kastenaufbau befindet sich ein leistungsstarker ölgefeuerter Dampfgenerator und eine ganze Menge weitere Ausrüstung. Solche Fahrzeuge werden in der Kanadischen Ölindustrie eingesetzt. Die Baureihe T 800 wurde 1986 vorgestellt und ist neben der T 600 eine der populärsten Baureihen

Kenworth C 510 im Jahr 1988 mit Cummins 440 PS Motor. Gebaut um 1977 mit zwei angetriebenen und einer nicht angetriebenen Achse (8x4) als sogenannter Rig Up Truck beim Aufbau eines Bohrturms auf einem kanadischen Ölfeld

Kenworth C 520 Vierachsölfeldfahrzeug mit Cummins KTA 19 C Reihensechszylinder Turbodiesel mit 525 PS. Das 10-Gang Getriebe mit vierfacher Reduktion ergibt 40 Gangabstufungen. Hinten mit Clark Aussenplanetenantriebsachsen. Dieser C 520 wurde 1988 im kanadischen Werk gebaut und in der Ölindustrie in Alberta eingesetzt

Kenworth C 500 B, 1989 im kanadischen Werk gefertigt. Dreiachser mit Ölfeldaufbau, angetrieben von einem Caterpillar 3406 Turbodiesel mit 425 PS. Die Kraftübertragung erfolgt durch ein Fuller 13-Gang Getriebe mit vieracher Reduktion, wodurch 52 Untersetzungen möglich sind. Die meisten der in Kanada eingesetzten Kenworth Ölfeldfahrzeuge basieren auf der Baureihe 500 und deren Variationen.

Kenworth C 540, gebaut 1988 im amerikanischen Werk in Seattle. Ölfeldsattelzugmaschine mit Allradantrieb. Cummins Sechszylinder mit 475 PS aus 19 Liter Hubraum. Der abgebildete C 540 ist für den Off Road Einsatz vorgesehen, hauptsächlich auf Ölfeldern in den Wüstenregionen Arabiens

Der Kenworth T 650 von 1989 ist eine rein australische Version, die ausschliesslich für den dortigen Markt gefertigt wird. Als Motoren kommen hauptsächlich Caterpillar und Cummins Reihensechszylinder Turbodiesel mit 400 bis gut 600 PS zum Einsatz, wobei die stärksten Ausführungen auch für die legendären Roadtrains als Zugmaschinen verwendet werden

Kenworth C 500 von 1990, ein in Kanada gebauter Langholztransporter mit Cummins Reihensechszylinder Turbodiesel, der aus 14 Litern Hubraum 444 PS leistet. 18-Gang Getriebe, zwei angetriebene Hinterachsen, eine zusätzliche Nachläuferachse . Dieser C 500 hat im Gegensatz zu vielen seiner Artgenossen, die über Luftfederung verfügen, eine stabile aber weniger komfortable Gummiblockfederung der beiden angetriebenen Hinterachsen. Der Langholznachläufer stammt von Peerless. Der Holzladekran ist ein Barko, Model 130

Kenworth 953 Super im Jahr 1970 im Ölfeldeinsatz in Arabien mit Cummins NTA 855 Reihensechszylinder Turbodiesel mit 380 PS. Die Nutzlast beträgt rund 50 Tonnen. Mit dem Beginn der Ölförderung entstanden 1947 durch amerikanische Gesellschaften in den arabischen Emiraten die Vorläufer der speziell für den Wüsteneinsatz konzipierten Ölfeldfahrzeuge auf der Basis der Baureihe 888. Die Baureihe 953 wurde 1958 vorgestellt. Die Fahrzeuge waren ausschliesslich für den Transport schwerer Ausrüstungen auf wenig tragfähigem Wüstensand ausgelegt. Die ersten 953 wurden mit einem 350 PS starken Cummins Sechsylinder Turbodiesel ausgeliefert. Die Baureihe 953 wurde im Lauf der Jahre um weitere Versionen ergänzt und umfasste zeitweilig vier Varianten: 953, 953 Super, 963 sowie die leistungsstärkste Ausführung 963 Super. Acht verschiedene Motoren standen zur Wahl: Cummins NT 335 PS, Cummins NT 350 PS, Cummins NTA 380 PS, sämtliche Reihensechszylinder mit Turboaufladung und 14 Litern Hubraum, außerdem GM Detroit Zweitaktdiesel ohne Turboaufladung

Der Kenworth 963, hier im Jahr 1990, ist die leistungsfähigere Version der Baureihe 953, außerdem ist die Nutzlast etwas höher. Dieser 963 ist mit dem damals stärksten Motor, dem GM Detroit Zweitaktdiesel GM 12 V 71 N 65, der 475 PS leistete, ausgestattet. Auch die 963 haben generell Allradantrieb über Clark Aussenplaneten Antriebsachen und rundherum grossvolumige Einzelbereifung

Kenworth 993 Frontlenkerschwerlastzugmaschine mit Allradantrieb im Jahr 1990. Cummins V 12 Zylinder Turbodieselmotor mit 700 PS. Allison Lastschaltgetriebe. Der 993 wurde in Spanien für Anhängelasten von gut 160 Tonnen eingesetzt

Links: Der Kenworth K 953 S-COE war die Frontlenkerausführung der Ölfeldfahrzeuge der Baureihe 953. Die technischen Daten sind weitgehend mit denen der Haubenmodelle identisch, außer dem Radstand und der Gesamtlänge, die beim Frontlenker etwas kürzer waren und die Wendigkeit verbesserten

Unten: 1992 in Kanada gebauter W 900 B mit Cummins Reihensechs-Zylinder Turbodiesel mit 430 PS. Fuller Getriebe mit 18 Gängen. Der National Grove 800 B Kran kann bis zu 17,5 Tonnen Hublast aufbauen

Oben: Kenworth C 520 Picker Truck, eine vierachsige Haubensattelzugmaschine mit 25 Tonnen hebendem National Grove Hydraulikkran. Gesamtgewicht des Solofahrzeugs aus dem Jahr 2001 beträgt 53,5 Tonnen. Caterpillar C 15 Reihensechszylinder Turbodiesel mit 475 PS

Eine der kleineren Baureihen mit recht kurzer Haube ist der Kenworth T 300 von 1998, der von einem 300 PS starken Caterpillar Sechszylinder Turbodiesel angetrieben wird. Mit Fuller 10-Gang Getriebe. Hinter der Kabine ist ein Hiab 145 Ladekran aufgebaut

Kenworth W 900 als schwere Sattelzugmaschine für Tiefladersattelauflieger von 2003 mit Caterpillar C 15 Turbodiesel mit 550 PS, Getriebe von Fuller mit 18 Übersetzungen, drei Hinterachsen, von denen die letzten beiden angetrieben sind, die erste Hinterachse ist eine nicht angetriebene Vorläuferachse. Diese Tridem Hinterachsanordnung ermöglicht hohe Aufsattellasten. Dieser W 900 wird in Texas (USA) für den Transport von schwerem Bohrgerät eingesetzt

Kenworth T 800 B Holztransporter, Baujahr 2002, mit Caterpillar C 15 Turbodiesel mit 475 PS und Fuller 18-Gang Getriebe. Das dreiachsige Langholzdolly stammt von Peerless. Die Baureihe T 800 ist sowohl im Baugewerbe als auch in der Forstwirtschaft in Kanada und USA wegen ihrer soliden Konstruktion sehr beliebt. Das Gesamtgewicht eines solchen sechsachsigen beladenen Langholztransporters beträgt rund 60 Tonnen

Kenworth W 900 aus dem Jahr 2002 mit Caterpillar C15 Reihensechszylinder Turbodiesel mit 475 PS, Getriebe mit 18 Gängen. Aufgebaut ist eine Hochdruck Saug- und Spüleinheit mit einer eingebauten, durch Ölbrenner beheizten Heisswasseraufbereitung. Kenworth Trucks mit solchen Vac-Washer Aufbauten werden in Kanada eingesetzt. Der abgebildete W 900 wurde von der Firma Camex aufgebaut

Kenworth C 500 B, ein vierachsiges Ölfeldtransportfahrzeug mit Caterpillar C 15 Motor mit 475 PS. Kraftübertragung durch Fuller 18-Gang Getriebe. Hinten Clark Aussenplanetenantriebsachsen mit 41,3 Tonnen Tragfähigkeit. Zwei schwere hydraulisch angetriebene Seilwinden ziehen ohne weitere Hilfe Bauteile von Bohranlagen auf die Plattform

Der Kenworth C 550 B, gebaut 1994, wird angetrieben von einem Cummins N 14 Sechszylinder Turbodiesel, der 435 PS aus 14000 ccm Hubraum leistet. Nachgeschaltet ist ein Fuller 10-Gang Getriebe mit vierfacher Reduktion, wodurch 40 Untersetzungen möglich sind. Bei diesem fünfachsigen C 550 B sind alle drei Hinterachsen angetrieben, sogenannter Tridrive. Aufgebaut ist der C 550 B als Ölfeld Pickertruck, eine schwere Sattelzugmaschine mit hydraulisch angetriebenen Seilwinden und National Grove 969 Hydraulikkran, der bis zu 25 Tonnen Hubkraft hat. Die Kenworth der Baureihe C 550 sind die grössten und schwersten Fahrzeuge der sehr vielfältigen C 500 Serie, die von strassengängigen Dreiachsern bis hin zu schwersten Haubenwagen mit sechs Achsen reicht

Kenworth C 500 B aus dem Jahr 2006 mit Manitex 1770 C Hydraulic Kran, der 17 Tonnen Hublast hat. Der C 500 B wird von einem Caterpillar C 15 mit 475 PS angetrieben. Das Getriebe hat 18 Gänge und stammt von Fuller. Das Fahrzeug ist mit einer Neway Luftfederung an den beiden angetriebenen Hinterachsen ausgerüstet und wird auf den Ölfeldern Albertas in Kanada eingesetzt

Kenworth C 500 Ölfeldfahrzeug als schwerer Dreiachser mit zwei angetriebenen Hinterachsen, Ölfeldplattform mit 60 Tonnen Tulsa RN 60 Hydraulikwinde, sogenannter Ölfeldfrontstoßstange, die auch das Schieben von Ausrüstungen ohne Schaden übersteht. Caterpillar C 15 Reihensechszylinder Turbodiesel mit 475 PS. Das von Fuller stammende Getriebe hat 18 Gänge. Dieser C 500 wurde 2005 gebaut und wird in der kanadischen Ölförderung eingesetzt

Kenworth T 800 H Sattelzugmaschine für den Holztransport in Kanada aus dem Jahr 2005. Dieser T 800 H verfügt über drei angetriebene Hinterachsen und erreicht als Sattelzugkombination ein Gesamtgewicht von 63,1 Tonnen. Der Motor stammt von Caterpillar und ist ein C 15 mit 475 PS, das Fullergetriebe bietet 18 Gangabstufungen

Dieser riesige elfachsige Kenworth W 900 L wird zu Kurzholztransporten als sogenannter Michigan Train eingesetzt. Er ist im Jahr 2006 gebaut worden und verfügt über Tridrive. Für den Antrieb sorgt der Caterpillar C 15 Reihensechszylinder Turbodiesel Intercooler mit 550 PS. Fuller 18Gang-Getriebe. Der fünfachsige Kurzholzanhänger sowie der Kurzholzaufbau stammen vom amerikanischen Hersteller Rosa. Hinter der Fahrerkabine ist ein E-Lite 80 Holzladekran aufgebaut. Da in Nordamerika und Kanada Holztransporter meistens von schweren Holzladegeräten, sogenannten Logloadern beladen werden, sind Fahrzeuge mit eigenem Holzladekran dort relativ selten im Vergleich zu europäischen Ländern

Kenworth C 500 Ölfeldfahrzeug mit vier Achsen, angetrieben durch einen Caterpillar C 15 mit 475 PS, 18-Gang Getriebe mit vierfacher Untersetzung. Besonderheit an diesem fast neuen C 500 aus dem Jahr 2007 sind die von Schuellers stammenden zurückgesetzten Vorderlenkachsen, die eine bessere Wendigkeit bewirken. Die Aussenplanetenantriebsachsen sind für 35 Tonnen ausgelegt und stammen von dem finnischen Hersteller SISU

Kenworth C 550 B aus dem Jahr 2007. Motor: Caterpillar C 15 mit 475 PS. 18-Gang Getriebe von Fuller mit vierfacher Untersetzung, die 72 Abstufungen ermöglicht, von Schrittempo bis zu gut 90 km/h. Auf der Ölfeldplattform sind zwei Tulsa Roughneck Hydraulikwinden mit 130 beziehungsweise 45 Tonnen Zugkraft aufgebaut. Die Aussenplanetenantriebsachsen stammen von Sisu

Weitere Bücher unseres Verlages

Fordern Sie unser Gesamtverzeichnis an mit Büchern über **Autos**, **Motorräder**, **Lastwagen**, **Traktoren**, **Feuerwehrfahrzeuge**, **Baumaschinen** und **Lokomotiven**:

Verlag Podszun Motorbücher GmbH
Elisabethstraße 23-25, 59929 Brilon
Telefon 02961-53213, Fax 02961-9639900
Email info@podszun-verlag.de
www.podszun-verlag.de

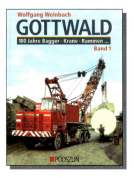

Bagger, Dampf- und Mobilkrane, Rammen, Stationäre Krananlagen, Gittermast-Autokrane u. a.

350 Seiten, 1050 Abbildungen
28 x 21 cm, fester Einband
Bestellnummer **421** EUR **49,90**

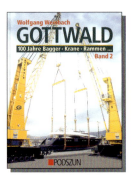

Teleskop-Autokrane, Feuerwehrkrane, Hafenmobilkrane, Spezialkrane, Sondergeräte u. a.

350 Seiten, 1025 Abbildungen
28 x 21 cm, fester Einband
Bestellnummer **422** EUR **49,90**

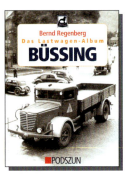

Die Geschichte von den Anfängen 1903 bis zur Übernahme von MAN mit allen Modellen.

240 Seiten, 770 Abbildungen
28 x 22 cm, fester Einband
Bestellnummer **119** EUR **39,90**

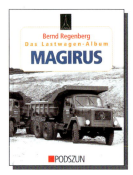

Die Geschichte von Magirus wird anhand aller Lastwagentypen porträtiert.

280 Seiten, 710 Abbildungen
28 x 22 cm, fester Einband
Bestellnummer **388** EUR **44,90**

Bagger und Lader mit ihren hochinteressanten Spezialausrüstungen im Einsatz.

170 Seiten, 510 Abbildungen
28 x 22 cm, fester Einband
Bestellnummer **492** EUR **29,90**

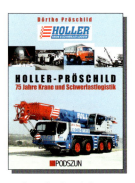

Umfassende Chronik des traditionsreichen Unternehmens mit allen Fahrzeugen.

180 Seiten, 520 Abbildungen
28 x 22 cm, fester Einband
Bestellnummer **493** EUR **29,90**

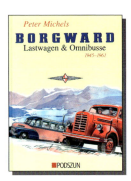

Umfassende Darstellung aller Lkw- und Omnibus-Typen mit vielen besonderen Aufbauten.

224 Seiten, 570 Abbildungen
28 x 21 cm, fester Einband
Bestellnummer **456** EUR **39,90**

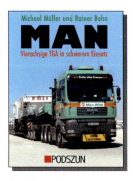

Komplette Dokumentation aller vierachsigen MAN TGA mit faszinierenden Einsatzfotos.

144 Seiten, 370 Abbildungen
28 x 21 cm, fester Einband
Bestellnummer **472** EUR **24,90**

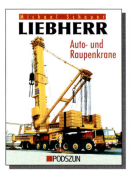

Dokumentation der Auto- und Raupenkrane von Liebherr in vielen spektakulären Einsätzen.

170 Seiten, 420 Abbildungen
28 x 21 cm, fester Einband
Bestellnummer **495** EUR **29,90**

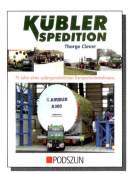

Die spektakulärsten Einsätze von Kübler, dem Spezialist für größte und schwerste Transporte.

176 Seiten, 340 Abbildungen
28 x 21 cm, fester Einband
Bestellnummer **386** EUR **24,90**

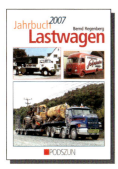

Schwing, Nordap, Fahrzeug-
bau Wüllhorst, Dortmunder
Actien Brauerei, FNM u.a.

144 Seiten, 290 Abbildungen
17 x 24 cm, Leinenbroschur
Bestellnummer **426** EUR **14,90**

Testfahrer Franzen, Fahrzeug-
fabrik Eylert, Verkaufswagen
von Borco-Höhns, Aral-Züge

144 Seiten, 365 Abbildungen
17 x 24 cm, Leinenbroschur
Bestellnummer **461** EUR **14,90**

Breuer Krane, P12W3, Felbermayr, Trans-Tec Schwertransporte, Spedition Betzitza u.a.

144 Seiten, 285 Abbildungen
17 x 24 cm, Leinenbroschur
Bestellnummer **431** EUR **14,90**

Spedition Patzkies, Mobilkrane
in den Siebzigern, Schwertransport von 25 Jahren u. a.

144 Seiten, 280 Abbildungen
17 x 24 cm, Leinenbroschur
Bestellnummer **465** EUR **14,90**

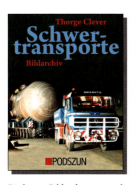

Die besten Bilder der spannend-
sten Transporte aus dem Archiv
von Thorge Clever.

128 Seiten, 380 Abbildungen
28 x 21 cm, fester Einband
Bestellnummer **476**   EUR **24,90**

Schwere Zugmaschinen mit riesiger Ladung in Deutschland und
anderen Erdteilen unterwegs.

136 Seiten, 298 Abbildungen
28 x 21 cm, fester Einband
Bestellnummer **263**   EUR **19,90**

Außergewöhnliche Schwer-
transporte und Einsätze von
Großkranen.

144 Seiten, 276 Abbildungen
28 x 21 cm, fester Einband
Bestellnummer **314**   EUR **19,90**

Die Fahrzeuge niederländischer
Fahrzeughersteller, zum Teil in
interessanten Einsätzen.

144 Seiten, 300 Abbildungen
28 x 21 cm, fester Einband
Bestellnummer **439**   EUR **24,90**

Darstellung der Fahrzeugtypen,
die fast immer speziell nach Kun-
denwünschen gebaut werden.

176 Seiten, 470 Abbildungen
28 x 21 cm, fester Einband
Bestellnummer **409**   EUR **29,90**

Firmengeschichte, Bagger,
Raupen, Lader und Lkw von
Büssing, Henschel, Man u. a

160 Seiten, 480 Abbildungen
28 x 21 cm, fester Einband
Bestellnummer **497**   EUR **29,90**

Umfassende Firmenchronik,
technische Highlights, spannende Einsätze.

160 Seiten, 505 Abbildungen
28 x 21 cm, fester Einband
Bestellnummer **480** EUR **29,90**

Fundgrube und Standardwerk
für alle, deren Hobby die Forst-
technik ist.

144Seiten, 360 Abbildungen
28 x 21 cm, fester Einband
Bestellnummer **471**   EUR **24,90**